图说水稻

生长异常及诊治

朱德峰　张玉屏◎主编

中国农业出版社

北京

图书在版编目（CIP）数据

图说水稻生长异常及诊治／朱德峰，张玉屏主编．
—北京：中国农业出版社，2019.3（2019.11重印）
ISBN 978-7-109-25057-4

Ⅰ．①图… Ⅱ．①朱… ②张… Ⅲ．①水稻-发育异
常-防治-图解 Ⅳ．①S435.111-64

中国版本图书馆CIP数据核字（2018）第285053号

中国农业出版社出版
（北京市朝阳区麦子店街18号楼）
（邮政编码 100125）
责任编辑 郭银巧
文字编辑 李 莉

中农印务有限公司印刷 新华书店北京发行所发行
2019年3月第1版 2019年11月北京第6次印刷

开本：880mm×1230mm 1/32 印张：3.25
字数：85千字
定价：22.80元
（凡本版图书出现印刷、装订错误，请向出版社发行部调换）

《图说水稻生长异常及诊治》
编　委　会

主　编　朱德峰　张玉屏

编　者　陈惠哲　黄世文　王亚梁　向　镜

　　　　　张培江　张义凯　张玉屏　朱德峰

前　言　FOREWORD

　　水稻是我国主要粮食作物之一，2017年播种面积达3 074.7万公顷，占粮食作物播种面积的26.1%；总产21 267.6万吨，占粮食作物总产的32.1%；近年我国居民稻米人均年消费量为68.2千克，占口粮消费总量的54.7%。水稻是稻农重要经济收入来源，稻田承担着区域生态调节的功能，因此，水稻生产对保障我国粮食安全、生态安全和稻农增收具有十分重要的作用。

　　水稻生产地域广阔、种植季节各异、品种类型丰富、种植制度多种、种植方式多样。水稻从播种到成熟的生长发育过程中，由于生产区域、气候、土壤、季节、品种和管理的差异，会经受高温热害、低温冷害、季节性干旱、涝害、肥害、盐害等异常气候和不良水肥土壤环境的影响，还会受到播种、育秧、插秧、施肥、灌排水等人为农事操作失当和鼠鸟虫菌的侵染危害，从而导致水稻发生黄叶、烂秧、死苗、枯心、瘪粒、白穗等生长异常现象。这些水稻生长异常的发生直接影响水稻产量与品质，导致产量下降、品质变差，稻农收入下降。由于稻农对导致这些生长异常现象的原因不甚了解，往往认为是种

子、化肥等农资质量差引起，而与农资经销商发生纠纷，在纠纷得不到解决时矛盾激化，引起斗殴、上访等事件，严重影响社会稳定。

作者长期从事水稻相关的科研工作，在水稻生产中经常接触到各种生长异常现象。为了方便大家正确辨认水稻的异常生长症状，科学诊断发生原因并及时采取正确防治措施，最大限度地减少水稻生长异常所造成的损失。为此，水稻稻作技术创新团队及水稻产业技术体系团队，在多年的科研与生产实践中收集了生产上水稻生长异常的典型案例，通过图文并茂的方式，分别描述了水稻异常生长症状、主要发生原因及防治措施等。全书按照水稻生长进程和生产环节可能出现的异常现象，分成播种与育秧、移栽与直播、苗期与营养生长、穗发育与开花结实和灌浆与成熟五个章节，共载入90种水稻生长异常现象及相应98幅彩图。希望本书的出版发行，能在生产中为稻农排忧解难，也为基层农技推广人员和农资经营者们提供借鉴参考。

由于各地水稻异常生长原因复杂，类型多样，且由于时间仓促、经历有限，书中不足之处难免，敬请专家、读者批评指正，并在再版时修改完善。

编　者

2018年12月

目 录

第3章 苗期与营养生长

第4章 穗发育与开花结实

第5章　灌浆与成熟

第1章 播种与育秧

1.1 种子发芽率低

症状：水稻种子催芽期间，很多种子不发芽，发芽率低。

主要原因：①种子质量差，不能正常发芽。②浸种时间不足造成吸水不够。③破胸时温度低，翻拌不均，致使破胸不齐。④催芽技术不当，没有掌控好水、气、温的关系所致。水稻种子发芽最低温度10℃，最适温度30～32℃，最高为40℃，长时间超过42℃会使根或芽死亡；其次，催芽时谷堆水分过多，温度不够，催芽时间太长，造成氧气严重不足，种子进行无氧呼吸，产生酒精中毒。

防治措施：①必须精选谷种，充分浸种，进行高温破胸。②掌握适宜的催芽技术，提高种子发芽率。建议采用间歇浸种催芽，第一次浸泡时间不宜过长，一般浸泡2小时，间歇1小时；以后每浸泡5～6小时，间歇1小时左右，日浸夜露；浸种2天左右种子充分吸足水分后，用清水将种子冲洗干净（在日平均温度低于15℃时可用45℃的温水将种子预热2分钟，捞起沥干水），将谷堆密封保温；注意谷堆的温度不宜过高，到破胸露白后要注意翻堆散热，适时淋水，保持谷堆温度在25～28℃，避免高温烧芽，促进幼芽生长；在根长到一粒谷长，芽长到半粒谷长时结束催芽，把芽谷在室内摊薄炼芽后即可播种；如遇到低温寒流不能播种，可将谷堆摊薄，结合洒水，防止芽、根失水干枯；抓住冷尾暖头、抢晴播种。

1.2　芽谷发酸

症状：水稻催芽过程中，种子发酸，一般有酒精味，用手抓种子时，表现为谷壳起涎黏手，严重时生霉变质。

主要原因：催芽技术不当，没有掌控好水、气、温的关系所致。水稻浸种过程就是种子的吸水过程，种子吸水后，种子酶的活性开始上升，在酶活性作用下胚乳淀粉逐步转化成糖，供胚根、胚芽和胚轴生长所需。当稻种吸水达到谷重的24%时，胚就开始萌动，称为破胸或露白。当种子吸水量达到谷重的40%时，种子才能正常发芽，这时的吸水量为种子饱和吸水量。达到这一吸水量的时间，受浸种水温影响，在一定温度范围内，温度越高，种子吸水越快，达到饱和吸水量时间越短。不同类型水稻品种种子的吸水与萌发存在较大差异，在18～24℃条件下，杂交稻浸种时间一般在6～12小时，常规籼稻一般在24～36小时，粳稻一般在48小时，可达到较好的发芽效果，浸种时间过长，会使稻种胚乳中的营养物质外渗、种子发黏（俗称"饴糖"），轻的出芽不壮，严重的死亡。浸种温度在12℃以下，水稻种子不能正常萌发，浸种时间一长，病菌侵入，就会发臭、烂种。如催芽时谷堆水分过多，温度不够，催芽时间太长，造成氧气严重不足，种子进行无氧呼吸，产生酒精中毒；在破胸高峰期，谷堆温度过高、通气不良，谷种进行无氧呼吸，会引起酒精积累中毒，故一般在高温烧芽的同时，常伴有酒精中毒。

防治措施：①选用籽粒饱满、发芽率高的种子。②催芽中必须经常检查谷堆温度，温度超过30℃时应及时翻堆散温通气，谷物产生轻微酒精中毒，可清洗后继续催芽；另外，催芽时应注意保温，防止淋水过多，已经产生黏涎的稻种，可及时放在30℃左右温水中淘洗干净，重新上堆催芽。

1.3 芽谷"有根无芽"

症状：水稻种子催芽过程，出现不长芽且根系细长现象，称为"有根无芽"。

主要原因：催芽方法不当。一般水稻遵循"干长根，湿长芽"和"冷长根，热长芽"的原则，当浸种催芽时种子水分不够，温度低，则不利于芽谷长芽，而有利于根系生长，导致芽谷根系细长。

防治措施：①选用籽粒饱满、发芽率高的种子。②种子催芽前吸足水分，不同类型水稻品种种子的吸水与萌发存在较大差异，在18～24℃条件下，杂交稻浸种时间一般在6～12小时，常规籼稻一般在24～36小时，粳稻一般在48小时，就可达到较好的发芽效果；另外，种子催芽时温度不宜过低，做到高温（36～38℃）露白、适温（28～32℃）催根、淋水长芽，调控好水分、温度的关系，可解决根芽不齐的现象。

1.4　芽谷"有芽无根"

症状：水稻种子催芽过程，出现只长芽不长根或少长根的现象，也称为"有芽无根"。

主要原因：催芽方法不当。一般水稻遵循"干长根，湿长芽"和"冷长根，热长芽"的原则，当浸种催芽时种子水分过多，温度过高，则不利于芽谷根系生长，从而导致芽谷只长芽不长根。

防治措施：①选用籽粒饱满、发芽率高的水稻种子，有利于发芽整齐。②根据品种特性，合理浸种。不同类型水稻品种种子的吸水与萌发存在较大差异，根据不同品种类型选择适宜的浸种时间以达较好的发芽效果，浸种时间不宜过长，一般籼稻24～48小时，粳稻48～72小时；另外，种子破胸露白后注意翻堆散热，适时淋水，在根长到一粒谷长、芽长到半粒谷长时结束催芽，调控好水分和温度的关系，可解决根芽不齐的现象。

1.5　秧田种子不出苗

症状：种子不出苗，或出苗后枯死。

主要原因：①选购的稻种质量不合格。②育秧土或基质用肥不当。壮秧剂、肥料与床土混拌不均匀或撒施不均匀，导致壮秧剂和肥料分布少的地方容易出现缺肥、发生苗期病害，而分布多的地方极易发生药害和肥害，造成不同程度的烧种、烧苗现象，最终导致种子不出苗或出苗后枯死。③育秧土水分不足。种子播前未进行浸种或者浸种时间偏短，没有充分吸收水分，播种后需继续吸收水分，才能萌动发芽，若此时育秧土干燥、水分不足，则会造成种子出苗迟滞、出苗不全不齐。④育秧土积水。出苗前床土湿度过大或浇水过多，甚至有积水，会导致种子出苗期间因缺氧产生坏种和烂种，导致出苗不齐不全。

育秧土用肥不当导致出苗不全不齐

育秧土水分不足导致出苗不全不齐

育秧土积水导致种子不出苗

防治措施：①选用籽粒饱满、纯度高、发芽好的水稻种子，防止烂种不出苗。②选择经检测合格的水稻机插育秧母剂或全基质，促进出苗整齐，提高出苗率。③合理培肥，育秧土pH以5.0～6.5为宜，粒径不应大于5毫米。培肥宜选用适量的复合肥，禁用尿素、碳酸氢铵和未腐熟的厩肥等直接作育秧土肥料，以防肥害烧苗。④稻种经水漂选后，采用25%咪鲜胺2 000倍液浸种消毒24～48小时，让种子充分吸水，确保发芽快且整齐一致。播种后出苗前，保持育秧土或基质水分充足，确保种子正常出苗。⑤苗床一定要平整，覆土厚度以0.5～1厘米为宜，并且覆土厚度要均匀一致。⑥湿度要适宜，如果出苗前床土湿度过大，甚至有积水时，要及时排水和揭膜晾床排湿。

1.6 育秧出苗率低

症状：水稻种子播种后，种子不出苗或出苗率低。

主要原因：①种子质量差，不能正常发芽出苗。②种子播种方法不当。播种过深，种子芽鞘不能伸长而腐烂，或播种过浅，露籽种子露于土表，根不能插入土中而萎蔫干枯。③种子发育不良导致畸形不长。如跷脚种根不入土而上跷干枯，倒芽只长芽不长根而浮于水面，钓鱼钩根芽生长不良、黄褐色卷曲呈现鱼钩状，黑根根芽受到毒害呈"鸡爪"状种根和次生根发黑腐烂。④立枯型烂芽。开始零星发生，后成簇、成片死亡，最初在根芽基部有水渍状淡褐斑，随后长出绵毛状白色菌丝，也有的长出白色或淡粉色霉状物，幼芽基部缢缩，易拔断，幼根变褐腐烂。

防治措施：①选用籽粒饱满、纯度高、发芽好的水稻种子，防止烂种不出苗。②合理浸种催芽，浸种时间要把握好，浸到谷粒半透明、胚部膨大、隐约可见腹白和胚为好，不宜时间过长。③掌握合理的种子播种方法，播种不宜过深过浅，一般覆盖细土或基质不超过0.6厘米，以免影响出苗，播种后保持土壤水分适宜。④保持出苗期间适宜的温、湿度，建议采用叠盘出苗育秧，出苗期间温度在32℃左右，促进出苗整齐，提高出苗率。

1.7 烂种

症状：水稻种子播种后，出现烂种现象，种子不出苗。

主要原因：①种子质量差，不能正常发芽出苗。②种子播种方法不当。播种过深，种子芽鞘不能伸长而腐烂，或跷脚种根不入土而上跷干枯。③育秧过程育秧土或基质用肥不当，如壮秧剂混拌不均匀、壮秧营

养剂或化肥使用过量，壮秧剂与床土混拌不均匀或撒施不均匀，特别是壮秧剂分布多的地方极易发生药害和肥害，造成烧种、烧苗现象，严重的会造成死苗，最终导致出苗不齐、不全。

防治措施：①选用籽粒饱满、纯度高、发芽好的水稻种子，防止烂种不出苗。②合理浸种催芽，浸种时间要把握好，浸到谷粒半透明、胚部膨大、隐约可见腹白和胚为好，不宜时间过长。③掌握合理的种子播种方法，播种不宜过深过浅，一般覆盖细土或基质不

超过0.6厘米，以免影响出苗，播种后保持土壤水分适宜。④合理培肥，育秧土pH以5.0～6.5为宜，粒径不应大于5毫米。培肥宜选用适量的复合肥，禁用尿素、碳酸氢铵和未腐熟的厩肥等直接作育秧土肥料，以防肥害烧苗，或选择经检测合格的水稻机插育秧母剂或全基质，促进出苗整齐，提高出苗率。

1.8 烂芽

症状：常见的有幼芽黄褐枯死，或开始零星烂芽发生，后成簇、成片死亡。

主要原因：①芽谷播种过深芽鞘不能伸长而腐烂，或芽谷露于土表，根不能插入土中而萎蔫干枯，或土壤通透性不良积累大量还原性物质毒害根芽，导致种根呈"鸡爪"状、次生根发黑腐烂。②传染性烂芽，包括绵腐型、立枯型烂芽死苗，立枯病，青枯病等。绵腐型烂芽在低温高湿条件下易发病，发病初在根、芽基部的颖壳破口外产生白色胶状物，渐长出绵毛状菌丝体，后变为土褐或绿褐色，幼芽黄褐枯死，俗称"水杨梅"；立枯型烂芽开始零星发生，后成簇、成片死亡，初在根芽基部有水渍状淡褐斑，随后长出绵毛状白色菌丝，也有的长出白色或淡粉色霉状物，幼芽基部缢缩，易拔断，幼根变褐腐烂。

防治措施：①采用旱育稀植、塑盘育秧、温室育秧等技术。②加强管理，适时盖膜揭膜，调控苗床温度，防冻保温；小水勤灌，薄肥多施，促使秧苗稳健生长，提高抗病力。③化学药剂防治。播种前，亩[*]用移栽灵混剂700～1 200毫升，对水1 000千克，或每平方米秧田用原药1～2毫升，对水3千克，待床面平整后施药，然后播种盖土。

1.9 烂秧

症状：水稻烂秧是秧田中发生的烂芽死苗现象，常见的有幼芽黄褐枯死，或开始零星烂芽发生，后成簇、成片死亡，或秧苗2～3叶期青枯、黄枯死亡。

主要原因：烂秧分为生理性烂秧和传染性烂秧。生理性烂秧死苗多在低温阴雨，或冷后暴晴，造成水分供应不足时呈现急性青枯，或长期低温，根系吸收能力差，造成黄枯；传染性烂秧包括绵腐型、立枯型烂芽，及立枯病、青枯病等死苗。

防治措施：①采用旱育稀植、塑盘育秧、温室育秧等技术。②加强管理，适时盖膜揭膜，调控苗床温度，防冻保温；小水勤灌，薄肥多施，促使秧苗稳健生长，提高抗病力。③化学药剂。播种前，

---

* 亩为非法定计量单位，1亩≈667米²。余同。——编者注

亩用移栽灵混剂700～1 200毫升，对水1 000千克或每平方米秧田用原药1～2毫升，对水3千克，待床面平整后施药，然后播种盖土。

1.10 死苗

症状：死苗指秧苗第一叶展开后枯死，多发生于2～3叶期，分青枯型和黄枯型两种。青枯型死苗叶尖不吐水，心叶萎蔫呈筒状，下叶随后萎蔫筒卷，幼苗污绿色，枯死，俗称"卷心死"，病根色暗，根毛稀少。黄枯型死苗从下部叶开始，叶尖向叶基逐渐变黄，再由下向上部叶片扩展，最后茎基部软化变褐，幼苗黄褐色枯死，俗称"剥皮死"。

主要原因：除了育秧土壤中的除草剂残留药害外，主要是立枯病、青枯病等病害所致。

防治措施：①秧苗一叶一心期，亩用15%立枯灵液剂100毫升，或广灭灵水剂50～100毫升，对水50千克喷雾。②在发病初期，亩用3.2%育苗灵水剂150～250毫升，或95%恶霉灵10～12克，对水50千克喷雾；在出现中心病株后，针对绵腐病及水生藻类引发的烂秧，亩用25%甲霜灵可湿性粉剂75克，或65%敌克松可湿性粉剂65克，对水50千克喷雾。③立枯菌与绵腐菌混合侵染引发的烂秧可在播种前选用40％灭枯散（甲敌粉）可溶性粉剂1 500克，播前拌入床土，或在秧苗一叶一心期，亩用广灭灵水剂50～100毫升，对水50千克喷雾。

1.11 育秧基质烧苗

症状：苗床一块块不出苗或长得高矮不齐。

主要原因：采用了不合格基质，如基质有机质成分过高，或基质中使用尿素、碳酸氢铵和未腐熟的厩肥等，导致基质肥害烧苗。

防治措施：选择经检测合格的水稻机插育秧基质，促进出苗整齐，提高出苗率。

1.12 秧盘秧苗发白

症状：大棚机插育秧，有时会形成白秧，或出现大面积叶片发白的现象。

主要原因：①大棚内温度过高。水稻机插秧苗生长点嫩，高温下容易烧焦，叶片发白。②缺锌导致叶片白化。水稻苗期对锌肥敏感，当苗床基质锌肥不足时会因缺锌而引起秧苗叶片白化，严重时田间白化苗较为普遍。③秧田光照不足时，也有可能形成白秧，但一般多为心叶发白。

防治措施：①加强大棚温度管理，当棚内温度高于30℃时，及时开窗通风炼苗。②保障苗床基质养分均衡。如缺锌引起白苗，可叶面喷施0.2%硫酸锌或螯合锌加美州星或海藻酸，7天一次，一般喷两次可恢复正常生长。③因光照不足导致的白化苗，增加光照后能及时恢复正常生长。

1.13　秧盘秧苗顶土

症状：机插秧育秧过程中，常有不少秧田出现"戴帽子"秧苗，盖土被秧芽顶起，有些生长较慢的秧苗芽尖黏在被顶起的土块上而被拔起，致使白根悬于半空中；未被拔起的秧苗由于没有了盖土，秧根也裸露在外。

主要原因：盖土板结、过干过细、厚度不均匀、床水过多等原因所致，该问题主要出现在旱地土育秧上。

防治措施：旱地土育秧要选择适宜的盖土，覆盖均匀且厚度适宜。对已出现"戴帽"情况的秧苗，可以用细树枝在床土上轻轻拍打，使顶起的土块被震碎后掉落下去，然后揭开盖膜，适当增撒一些细土，将秧根全部盖住，再轻喷些水，使秧苗根部保持湿润，同时将黏于秧叶上的泥土冲洗下去，最后盖膜复原。

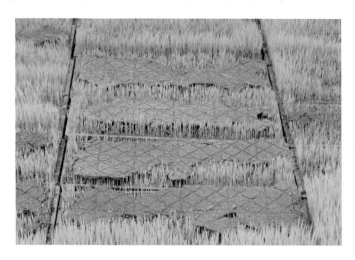

1.14 秧盘根系外露

症状：盘育秧过程中，常出现根系外露于土面，使白根悬于盘面的现象。

主要原因：盖土板结、过干过细、厚度不均匀、床水过多等原因所致。

防治措施：盘育秧要选择适宜的盖土，覆盖均匀且厚度适宜。对已出现根系外露情况，可以适当增撒一些细土，将秧根全部盖住，再轻喷些水，使秧苗根部保持湿润。

1.15 秧苗根系发黄

症状：茎叶生长良好，水稻秧苗根系发黄，白根新根少。

主要原因：主要发生在大田泥浆育秧过程中，由于水稻管理不当，秧苗长期漫灌，导致秧苗根系长期处于缺氧环境下，极易造成根系发黄，后期无白根新根。

防治措施：建议采用育秧基质育秧，并选择旱育秧方法，增加土壤透气性，促进根系生长。如大田泥浆育秧，播种至出苗期间的水层高度要高于秧板平面、低于育秧秧盘边沿，从而实现秧盘内床土充分吸足水分，保证出苗快而整齐。出苗到秧苗生长至3.5叶期间，根据秧苗生长进程合理控制水位，做到秧沟内有水但水分不超过秧板。

1.16 秧苗根系发黑

症状：秧苗根系发黑。轻度黑根地上部长势较好，根系只是部分或少部分发黑，没有明显臭味，根部尚未腐烂；严重黑根情况秧苗根系全部发黑，无新根，秧苗基部变为黑褐色，根系变黑发臭发黏烂掉。

主要原因：①采用的育秧基质还原性物质过量，如有机质含量过高，在高温高湿条件下，有机质发酵产生大量还原物质毒害秧苗根系，造成根系死亡发黑。②育秧过程中长期漫灌，根

系长期处于缺氧环境下，根系腐烂发黑。③采用的育秧基质中硫化亚铁的含量高，在长期淹水条件下也可能造成根系发黑。

防治措施：①采用有机质含量高的育秧基质时，最好采用旱育秧方法，减少还原性物质含量。②如果育秧过程中发生根系发黑，立即排水晒田，提高育秧基质透气性。

1.17 秧苗细弱

症状：秧苗培育过程中秧苗生长细长，不长分蘖，秧苗瘦弱。

主要原因：①播种量过大，造成秧苗瘦弱，色泽不正。②炼苗不到位。由于炼苗时间延迟或不炼苗，秧苗生长就会出现细长、瘦弱、抗逆性差，易得病。③肥水管理不当。大水大肥且管理粗放易导致秧苗细弱。④碱性土壤环境条件下秧苗生长瘦弱。秧苗喜欢偏酸性的土壤，在碱性条件下，根系生长少，影响秧苗对养分的吸收，生长发育不良，形成弱苗。

防治措施：①育秧播种量要适宜，一般常规稻播种量为90～120克/盘，杂交稻为70～90克/盘。②育秧期间温度不能过高，早稻出苗后平均温度控制在18～23℃，最高温度尽量不超过35℃，同时要及时炼苗。③合理控制施肥量，复合肥施用量不高于20克/盘。

④注意育秧期间水分管理，不要水淹秧苗。⑤由于单季稻和连作晚稻育秧期间温度高，秧苗生长快，还需要合理施用生长调节剂如多效唑等控制秧苗生长，一般秧苗一叶一心期前每亩秧田用15%多效唑粉剂75~100克对水喷雾。⑥要针对近年广泛应用的不同类型水稻的基质配方规范育秧用土，做好育秧基质的酸度调节、病害控制、秧苗营养及通气性问题，提高秧苗素质，培育壮秧。

1.18　秧苗徒长

症状：育秧过程中，水稻秧苗生长过快，秧苗细弱，叶片薄窄细长发黄，叶枕距变大，秧苗易得病。

主要原因：施肥过多、播种量过大，育秧期间湿度大、气温高；或者是种子浸种消毒不彻底，发生恶苗病，引起秧苗徒长。

防治措施：①采用稀播匀播，降低播种量，防止单位面积内秧苗过密引起徒长。②出苗后，加强秧田肥水管理，推迟秧苗上水时间，二叶一心期前秧板保持湿润就可，二叶一心期后采用浅水灌溉。③早稻二叶期后晴天高温时要做好通风炼苗工作，防止高温引致烧苗和徒长，同时要严格控制断奶肥的用量。④连作晚稻和单季稻根据品种特性，在秧苗一叶一心期合理喷施多效唑，一般秧苗常用剂量（15%可湿性粉剂），晚稻秧田每亩用药200克，对水100千克；单季稻秧田每亩用药150克，对水75千克。通过多效唑抑制秧苗伸长，矮化促蘖培育壮苗。

1.19　高温危害烧苗

症状：大棚育秧，大片秧苗叶片发白，甚至烧焦发黄。

主要原因：没有合理控制大棚育秧温度，白天没有及时揭膜，导致棚内温度过高，而水稻机插秧苗生长点嫩，高温下容易烧焦，叶片发白。

防治措施：加强大棚温度管理，当棚内温度高于30℃时，及时开窗通风炼苗，防止高温烧苗。

1.20　低温危害秧苗发红发白

症状：大棚内育秧，大棚中间的秧苗生长正常，而四周秧苗生长矮小，秧苗发红发白。

主要原因：北方水稻生长季节紧张，为防止倒春寒烂种烂芽，北方寒地水稻多采用大棚育秧方式，常用的开闭式钢管大棚，一般棚宽

5.0～6.0米、高1.5米、长30～40米。与大棚当中比较，大棚四周的温度相对较低，不利于秧苗生长，导致四周的秧苗较中间相对矮小。

防治措施：①为防止低温危害，导致大棚内秧苗生长不一致，建议有条件的采用大容量的钢管大棚育秧，如黑龙江农垦采用的钢管大棚，一般棚宽6.0～8.0米、高2.2～2.8米、长60米左右，由于棚内空气容量大、昼夜温差小且温度稳定，受环境温度变化的影响小，培育的秧苗生长相对整齐健壮。②北方水稻为防止低温，一般采用三膜育秧（播种后一层地膜，并在大棚内搭小拱棚），针对四周低温，可推迟揭小拱棚膜时间；另外，也可用无纺布代替普通塑料膜育秧，无纺布育秧既有保温效果，又有透气、防结露、耐腐蚀、耐用等特点，能为秧苗生长提供相对平稳的如光照、温度及空气等环境条件，促进秧苗更好地生长发育，管理也相对简便。

1.21 机插秧苗下部发黄

症状：水稻机插秧秧苗表面看起来正常，用手捋开，下部叶色发黄；严重时影响到上部叶片。

主要原因：主要是育秧大棚内高温高湿，引起绵腐病、叶瘟等，导致基部叶片发黄。

防治措施：①及时开窗通风，降低大棚温度和湿度。②及时药剂防治，可用恶霉灵1 200 ～ 1 500倍液对土壤消毒，药液能直接被植物根部吸收后移到叶缘发挥作用，或者叶面喷施甲霜恶霉灵1 500 ～ 2 000倍液、70%敌克松1 000倍液。

1.22　机插秧苗不整齐

症状：秧床内种子出苗时间不一致，或秧苗高度参差不齐，长势不一。

主要原因：①育秧用床土拌肥或拌壮秧剂不均匀，造成多的地方烧苗，拌不到的地方苗发黄，致使秧苗素质参差不齐。②秧板高低不平，使得秧苗肥水管理不平衡。秧床不平或一边高一边低或两边高中间低，使秧床保水能力不一，造成水分足的地方秧苗生长快，水分少的地方秧苗生长慢。

防治措施：①育秧时注意将拌有壮秧剂的肥土均匀地撒在秧盘的底部，然后铺上床土，淹水后播种盖土。这样处理，一方面能从根本上保证壮秧剂均匀，另一方面将壮秧剂放在床土底部与稻种隔开，并保持一定的距离，在刚发芽时，稻谷自身的营养足够幼苗吸收利用，壮秧剂基本不会影响幼芽的生长，秧苗生长较一致；等到幼苗发育到一定程度，稻种自身养分逐渐耗尽，这时秧苗的根系已经深入到床土的中下部，能从床土中吸收壮秧剂的养分满足秧苗生长。②选择平整的大田或蔬菜地作秧床，忌选择有坡度的河塘边作秧床。③注意水分管理，出现秧床保水不平的现象，要及时揭膜灌水，把水灌至略高于秧盘约1厘米，保持1～2小时后将水放出，保持沟中有水，重新把膜盖好，早晚各1次，连续2～3天后，矮苗与高苗的差距明显缩小，黄苗开始转青，缺苗的地方也开始冒出尖尖芽头；之后每晚灌水1次，水面至秧盘上，逐渐转入正常管理。

1.23 秧苗药害

症状：水稻秧苗药害问题较多，轻的秧苗生长受到抑制，苗小苗弱，严重的水稻幼苗干枯、黄化、萎缩、畸形、僵苗，甚至死亡，造成育秧失败。

主要原因：①苗床农药残留药害。东北地区一般都采用玉米田、大豆田等旱田土做水稻苗床土，通常玉米田常用莠去津、烟嘧磺隆等，大豆常用咪唑乙烟酸、氟磺胺草醚、异草松等长残留除草剂，这些除草剂在土壤中残留期均在一年以上。在这样地方建棚或取土育苗，会发生不同程度的秧苗药害。②苗床封闭除草剂产生药害。很多农民习惯在苗床使用丁·扑合剂进行苗床封闭除草，丁·扑合剂是丁草胺和扑草净的合剂，有粉剂和乳油等类型，具有防治成本低、使用方便、除草效果好的特点，但该药剂对使用技术和环境条件要求较高，使用不当极易发生药害。③壮秧剂使用不当。育秧过程有的农户图省事将壮秧剂撒在底土上，还有的撒在覆土上，这两种方法虽然简单省工，但壮秧剂很难撒均匀，种子会直接和壮秧剂接触，发生药害，影响出苗或蹲苗，导致秧苗生长不整齐。还有的农户为了给秧苗后期补充养分，在水稻苗二叶期撒施壮秧剂，因为壮秧剂内的主要成分是肥料、调酸剂、杀菌剂和植物生长调节剂，如果壮秧剂在表土使用或苗后使用，壮秧剂直接与种子、幼芽、苗接触，往往容易出现药害，尤其是植物生长调节剂，苗后使用容易发生蹲苗现象。

防治措施：①选择无除草剂残留的地方建棚育秧或取土育苗，防止苗床农药残留药害。②按照产品使用说明及注意事项正确合理使用封闭除草剂。③正确合理使用壮秧剂育秧，按说明书上的使用剂量与苗床土的底土混拌均匀，不能图省事将壮秧剂撒到育苗土上，或苗后撒在苗床上。

1.24 秧苗细长（恶苗病）

症状：该病从苗期到抽穗期都会发生。重病种子往往不能发芽，既便发芽成苗不久也会死亡。苗期发病病苗比健苗细高，叶片叶鞘细长，叶色淡黄，根系发育不良，部分病苗在移栽前死亡。在死苗上生有淡红色和白色霉状物（病菌的分生孢子及分生孢子梗）。

　　主要原因：种子带菌是引起苗期发病的主因，病菌主要以菌丝体潜伏在种子内或以分生孢子附着在种子表面越冬。病株上的分生孢子和菌丝体亦有越冬能力，但不是主要的初侵染来源。病种子播种后，幼苗就会感病，重者幼苗枯死。健种子播种发芽后，也可由于分生孢子萌发从芽鞘侵入而引起幼苗发病，导致徒长等症状。一般病株中菌丝体会蔓延到全株，但不能扩展到穗部。感病或枯死的病株表面产生分生孢子，可借风、雨传播而引起再侵染。在水稻开花时，分生孢子侵染花器，造成秕谷或畸形，侵入颖或种皮组织内，而使种子带菌。脱谷时，病部的分生孢子也会飘落黏附于种子上，病菌便在种子表面越冬。

　　防治措施：①浸种消毒，25%氰烯菌酯2 000倍液浸种48小时，种子捞起后直接催芽，效果最好。②注意清除病株残体，及时拔除病株并销毁，稻草收获后作燃料或沤制堆肥。③建立无病留种田，栽种抗病品种。留种田及附近一般生产田，出现病菌或病株应及时拔除，防止传播蔓延。

1.25 秧苗枯萎（立枯病）

　　症状：患病秧苗按发病时间可分为3个阶段：芽腐、基腐和黄枯。患病秧苗出苗后就会枯萎，叶色呈枯黄萎蔫状，叶片打绺，且易拔断，病株基部腐烂，散发烂梨味，发病较重时可导致秧苗死亡，枯苗呈穴状。

主要原因：立枯病是育秧期间威胁较大的主要病害之一，多由不良环境（低温多湿、温差过大、光照不足、土壤偏碱、秧苗细弱、播种量过大等）诱致土壤中致病真菌寄生所致，每年均有不同程度发生，尤其是旱育秧和抛秧，严重的造成秧苗不足、延误农时，以致影响水稻产量。

防治措施：①对种子和土壤进行消毒，提高秧苗的抗病力；控制好温度和湿度，使土壤水分充足，但不能过湿。②精选稻种，晒种，并提高催芽技术，培育壮秧。③播种时间适宜，不要盲目抢早，播种量要适宜，播种密度不宜过大。同时要做好防寒、保温、通风、炼苗等工作。④药剂防治可选用恶霉灵 1 200 ～ 1 500 倍液喷雾，不仅能够对土壤消毒，还能直接被植物根部吸收，进入植物体内，促进植物生长。

1.26 秧苗出现青枯（青枯病）

症状：水稻青枯病主要有两种，一种是水稻秧田期的生理性青枯病（如图），比较常见，常与立枯病混合发生，症状是发病植株叶片萎蔫内卷，典型的失水症状，叶片与谷壳呈青灰色，似割倒摊晒 1

天的青稻，茎秆基部干瘪收缩，或齐泥倒伏，无病斑，易倒伏。病株易拔起，根系早衰，拔起病株发现根部基本无白根，全部为铁锈色的黄根。该病发病迅速，发病前病、健株无异样，表现正常，往往在1～2天时间内突发成灾，造成大面积成片青枯倒伏。另一种是稻田后期发生的细菌性基腐病，表现为田间零星发生，甚至1穴中仅有1～2株发病，病株基部茎节发硬、变黑并伴有恶臭味。

　　主要原因：生理性青枯病多发于水稻三叶期前后，主要由低温冷害、冷后暴晴或温差过大所致。细菌性基腐病多发生于生育后期，可由多种因素造成，主要与田间栽培管理不当、植株抗性降低有关。

　　防治措施：①苗齐后，要及时通风炼苗，只要不是大风天气，阴天情况下也要坚持通风炼苗。②沿江易发生青枯病的区域应尽量避免种植抗性较弱的糯稻品种，宜选择抗性强、优质的杂交稻品种，同时加强农田水利建设，开好排灌沟渠，平整土地，改善灌溉条件，做到旱能灌、涝能排。③加强田间管理。水稻生长期间应避免长期深灌，适时适度搁田，使根系旺发深扎。后期管理要求浅水与露田结合，做到节水灌溉，保持田间湿润，防止田间长期淹水，特别是沙质土和漏水田，防止干旱，保证水稻根系在后期有较强的吸收功能。水稻在灌浆乳熟阶段需要大量的水分供应，田间不能断水过早。基肥要施足，追肥要早施，氮、磷、钾搭配合理，避免氮肥施用过多、过迟。

1.27　秧苗基部水渍状发黄枯死（绵腐病）

症状：机插秧苗生长期间，受低温高湿等影响，基部出现水渍状，严重时秧苗发黄枯死。

主要原因：绵腐病的绵腐、腐霉菌是土壤中弱寄生菌，只能侵染已受伤的种子和生长受抑制的幼芽，一般完好的种子基本不发病。当低温影响水稻生育时提供了病原菌侵染条件，播种后气温越低，持续时间越长，对水稻生育影响越大，绵腐病就可能越严重。

防治措施：①严格种子精选，严防糙米和破损种子下地。②适时播种，提高整地质量，避免冷水、污水灌溉。发生绵腐病时及时晾田防治。③药剂防治可喷洒恶霉灵1 200～1 500倍液，不仅能够对土壤消毒，还能促进植物生长，并能直接被植物根部吸收，进入植物体内发生作用。

1.28　机插秧苗根系盘结不牢

症状：机插秧苗要求均匀整齐，苗挺叶绿，根系盘结，秧苗成毯，秧块提起不散，但生产中出现的机插盘育秧苗盘根不牢，提起或卷秧时易发生断裂，影响机插作业。

主要原因：①播种量偏低。如机插标准秧盘一般播种量低于40

克/盘时，将导致秧盘内秧苗数量过少，单位面积内根系生长量小，根系盘结差，秧苗成毯困难，还将导致秧苗机插漏秧率高。②育秧基质或育秧土不合格。目前市场上有的育秧基质或育秧土壤偏酸，或用肥量太大，特别是过量施用尿素、碳酸氢铵或未腐熟的厩肥等，造成种子出苗差或出苗不均匀，影响根系生长，秧苗盘根不牢。③育秧温度过高。在温室或大棚育秧，需要合理控温，一般育秧温度越高，秧苗地上部生长越快，不利于秧苗根系生长，秧苗素质差，根冠比下降，秧苗盘根不牢。

防治措施：①机插秧播种需确保适宜播种量，一般杂交稻播种量在50克/盘以上，常规稻播种量在80克/盘以上，播种时还要做到均匀播种。②为防止秧苗肥害现象发生，育秧底土配制过程肥料尽量选用复合肥，且与壮秧剂的施用量要适宜，一般每100千克底土粉碎晒干过筛后加复合肥125～250克、壮秧剂250克左右，混合后搅拌均匀。同时，禁用未腐熟的厩肥、尿素、碳酸氢铵等直接作底肥，盖土亦不能掺施肥料及壮秧剂。③合理控制育秧大棚温、湿度。立苗期，保温保湿，以利于出芽快，出苗齐，一般温度控制在30℃，超过35℃时揭膜降温；当秧苗出土2厘米左右，及时揭膜炼苗，棚温控制在22～25℃，尽可能保持苗床旱田状态；秧苗离乳期，严控温度和水分，促根系健壮，防茎叶徒长；二叶期温度控制在22～24℃，最高不超过25℃；三叶期温度控制在20～22℃，最高不超过25℃，超过25℃时要及时通风。

第2章　移栽与直播

2.1　机插缺苗多（漏秧率高）

症状：机插秧由于用机械代替人工栽插，及育秧中播种不均匀和出苗差异等原因，机插的部分穴没有秧苗，有的机插是有秧苗，因机插伤秧，插秧后秧苗死亡，造成漏秧现象。虽然漏秧后周围植株生长空间变大，通风透光性，有利于竞争到相对多养分，分蘖能力增强，有效穗数增加，对群体有一定的补偿作用，但漏秧对机插水稻产量的不良影响仍不能忽视，研究表明，漏秧率在5%以下对水稻产量影响较小，漏秧率超过10%时，多数品种产量下降，需要补秧。

主要原因：①机插秧田播种量少，播种不均匀，单位面积的秧苗数少，每穴机插苗数少，有的机插时没有抓到苗，造成漏秧。②秧苗出苗不整齐，分布不均匀，机插时漏秧。③漏秧还受机械作业和整田质量等因素的影响，如插秧机取秧量小，机插伤秧，或整田质量差，影响插苗成活等。

防治措施：①通过选择发芽率高的种子、增加播种量、提高播种均匀性和出苗率、增大机插取秧量等方法，减少漏秧发生。种子发芽率正常的情况下，保证机插秧播种量在70克/盘（标准9寸*秧盘）以上。②通过机械实现均匀播种，采用机插叠盘出苗育秧技术，提高出苗率。③加强出苗期水分和温度管理，确保苗全苗齐，并使单位面积内秧苗数均匀；另外，机插时通过调节取秧挡位增加取秧量和取秧范围，确保每次取秧时都有苗，从而降低机插漏秧率，保证机插质量。④要留部分秧苗，在机插后及时进行人工补缺，以减少漏秧率、提高插秧均匀度，确保基本苗数。

2.2 机插漂秧多

症状：水稻机械化插秧的作业质量对水稻高产、稳产至关重要，水稻秧苗机插后会出现秧苗没有插入土壤，而漂浮在泥面上，叫漂秧，一般机插的漂秧率应≤3%。

---

* 寸为非标准计量单位，1寸≈3.33厘米。——编者注

主要原因：①机插的水稻田泥浆没有沉实，机械作业时造成壅泥，从而影响机插立苗，漂秧率增加。②机插田水层深，一般机插作业要求田面平整，浅水机插，水层在1～2厘米，水层太深容易漂秧。③基质太轻，有的基质容重低，质量轻，机插时秧苗没有入土，容易引起漂秧。④机插秧苗入土浅。为促进秧苗早发，机插秧苗入土深度一般在1～2厘米，以促进秧苗低节位分蘖，提高机插水稻产量。但机插作业时也受作业环境、土壤沉实状况等条件影响，如遇下雨田，稻田水层深且不能快速排出，极易造成漂秧。

防治措施：①为减少漂秧，水稻机插前耕整地质量要求做到"平整、洁净、细碎、沉实"。即耕整深度均匀一致，田块平整，地表高低落差不大于3厘米；田面洁净，无残茬、无杂草、无杂物、无浮渣等；土层下碎上糊，上烂下实；整田根据土壤质地和有机质含量高低，确定土壤沉实天数，一般整田后让土壤沉实1～10天，沙质土、有机质含量较低的土壤沉实时间短，反之，沉实时间长。田面泥浆沉实达到泥水分清，沉实而不板结，从而减少机插壅泥和漂秧。②尽量选择适宜容重的基质育秧。可选择钵毯秧盘育秧，培育钵毯秧苗机插。另外，如下雨天机插，可调节插秧机机插作业深度，增加秧苗入土深度，减少漂秧。

2.3　机插倒秧多

症状：机插后有时会发生大片秧苗倒伏，贴在稻田泥地上，影响秧苗返青和水稻产量。

主要原因：发生倒秧的原因既有气候条件的客观影响，也有秧苗素质、机具操作、整地效果等措施不当等原因。具体原因有：①秧苗素质差，抗逆能力弱。尤其是早稻，在大棚育秧，因管理措施不当，没有通风炼苗，造成秧苗徒长，素质差，抗逆能力弱，机插后如遇低温等不良环境影响，就会发生大面积倒秧死苗现象。②整地粗糙，平整度差，泥浆沉实时间较短，机械作业时造成壅泥，从而影响机插立苗，漂秧和倒秧严重。③插秧机在作业前未按规定调试好，机插作业不当，造成伤秧、漂秧、严重倒秧。

防治措施：培育壮秧、提高整地和机插质量是防止倒秧的重要措施。①培育壮秧。早稻等秧苗做好通风炼苗，防止秧苗徒长，提高秧苗质量。②提高整地质量。南方水稻机插前提早2～3天整地，待田面平整，且稻田泥浆沉实后机插。③提倡浅水机插。水层在1～2厘米即可，水层太深容易漂秧和倒秧。④秧苗机插深度适宜。一般要求秧苗入土深度在1～2厘米，且根据作业环境、土壤沉实状况等条件适当调节机插深度，如土壤过硬则适当调节机插深度，防止倒秧。

2.4 机插苗数不均匀

症状：机插秧每穴苗数一般双季稻3～6株，单季常规稻3～5株，单季杂交稻1～3株。但在生产上常常会发现每穴的苗数差异很大，双季稻、单季常规稻3～10株，单季杂交稻1～7株。每穴苗数很不均匀。

主要原因：水稻机插每穴苗数的均匀性与机插育秧的播种、育秧、整田、机插水平有关。①播种不均匀造成秧盘中有的区块种子少，有的种子多，秧苗就不均匀。②在育秧中，因出苗、发病、肥害、药害等因素引起烂种、烂秧、死苗等情况，秧盘中秧苗不均匀。

③整田质量差，高低不平，特别是连作晚稻田早稻草还田时，稻草没有切碎，稻草成团，秧苗插在稻草上引起死苗。④机插取秧不均匀也会造成机插苗不均匀。

防治措施：①造成机插苗数不均匀的关键是育秧播种不均匀，可采用水稻机插精量穴播或条播机，利用机插叠盘出苗育秧模式，确保播种后出苗均匀一致，秧苗整齐健壮。②提高机插整田质量，防治稻草还田对机插质量的影响，整田要平整、土壤要沉实。③机插前检查秧爪的取秧大小，可选用钵毯苗机插，提高插苗均匀性。

2.5 机插后败苗

症状：水稻秧苗机插后在大田发生的秧苗叶片干枯死亡的现象，影响返青，推迟秧苗生长和分蘖时间，还会造成成熟期推迟，严重的影响水稻产量。

主要原因：机插秧苗败苗现象，与秧苗质量、机插时的天气、整田质量及机插秧发生的伤秧程度有关。机插育秧的秧苗弱，质量差，插后气温高、太阳光强，整田不平、田面不糊及机插秧发生的伤秧伤根严重，机插后败苗会严重。一般单季稻和连作晚稻机插败苗现象会比较常见，秧龄长、插大苗的会比较严重。

防治措施：①培育健壮秧苗。采用水稻机插精量播种、叠盘出苗、旱育壮秧等方法培育健壮秧苗。②采用机插穴播、条播技术及钵毯秧苗育秧，减少机插伤根伤秧。③头季早稻收割要切草还田，减少稻草成团影响机插秧苗着地。④耕整地，泥浆要沉实，达到上细下粗，细而不糊，上烂下实，一般沙土沉实1天、壤土沉实2天、黏质土沉实3～4天，有机质含量高的田块沉实时间更长。⑤机插深浅适当，不宜过深过浅，减少漂秧倒秧比例。⑥避免高温栽插，如遇机插后高温要及时灌水护苗，日灌夜排，防止高温伤苗。⑦出现败苗要适量施肥，浅湿灌溉。

2.6 机插后死苗

症状：机插秧苗大面积干枯死亡的现象，造成需要重新耕作整田种植，严重影响水稻生产季节。

主要原因：主要有两种情况：①育秧期间，秧苗已经发生严重的立枯病、绵腐病等病害。②在大田育秧期间，秧苗已经发生严重的稻飞虱等虫害。利用这种秧苗机插，机插后3～5天就会发现机插秧苗局部或大面积秧苗干枯死亡。

防治措施：机插后死苗主要是秧苗在秧盘中已经发病造成，因此发现秧苗发病，特别是秧苗在秧盘中已经发生比较严重的立枯病、青枯病、绵腐病等病害，不要机插。在育秧期间，注意防治立枯病、青枯病、绵腐病、稻飞虱等病虫害。机插健壮、无病害的秧苗。

2.7　机插苗返青慢、僵苗

症状：秧苗机插后叶片发黄，生长滞缓，不长新叶和分蘖。

主要原因：①机插秧苗播种量大，秧苗素质差，抗逆能力弱。②机插伤秧严重，缓苗期相对长，或机插后遇低温或高温等不利条件。

防治措施：①培育壮秧。通过降低播种量、均匀播种、加强肥水管理、使用育秧基质、喷施生长调节剂如多效唑等措施培育壮秧。机插前及时炼苗，提高机插秧苗素质，增强抗逆性。②采用水稻钵形毯状秧苗机插技术，培育上毯下钵机插秧苗，按钵精量取秧，实现钵苗机插，降低机插伤秧伤根率。③机插大田整地质量要求做到田平、泥软、肥匀，泥浆沉实后保持薄水机插。④重视机插前的起秧备栽工作。起秧时先慢慢拉断穿过盘底渗水孔的少量根系，再连盘带秧一并提起，平放，然后小心卷苗脱盘。秧苗运至田头时应随即卸下平放，使秧苗自然舒展，并做到随起随运随插，要尽量减少秧块搬动次数。搬运时堆放层数不宜超过3层，避免秧块变形或折断秧苗。避免烈日伤苗，采取遮阴措施防止秧苗失水枯萎，根据机插时间和进度，做到随运、随栽。⑤适龄秧苗机插，避免栽插大苗及超秧龄苗，并尽量选择阴天机插。⑥插后采取相应的肥、水、药等管理调控措施，防止僵苗。⑦防止不合理施用除草剂，造成僵苗。发现机插后僵苗要及时适量施肥、浅湿灌溉，促进根系生长。

2.8　直播白化苗

症状：有两种：一是零星发生的，叶片长出就发生白化，或部分长条形白化，其中全白的苗，大多数在三叶期枯死。二是叶色从黄到白，常从尖端开始，此时如果采取灌水、施肥等措施或天气转晴，又能恢复生长。

主要原因：①肥料中缩二脲含量过高引起苗期叶片白化。②秧苗受高温或低温寡照影响所致，当气温低于20℃时叶绿素分解，高于32℃时叶绿素不能形成，叶片白化。③在冷浸田、缺锌田也会出现白化苗。

防治措施：①选用大企业生产的肥料，缩二脲含量应低于2%。②遇异常低温气候，冷浸田、缺锌田块宜施用硫酸锌肥料做基肥，每亩用量1千克左右。③当水稻在二至三叶期出现白化苗，应及时补施肥料，并浅湿润灌溉。

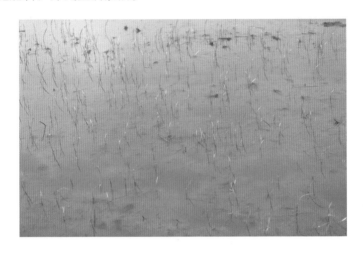

2.9　直播田出苗率低

症状：直播稻因省工节本备受关注与应用，但要取得直播稻高产，在栽培管理上必须解决"出苗率低、杂草多及倒伏"难题，主要表现为不出苗、出苗晚，田间苗数稀少、不足。

主要原因：①与种子的发芽率低、发芽势不高密切相关。一般在土壤、田间管理、天气条件等相同的情况下，种子的发芽率越高，田间出苗率越高；若发芽率相同，则发芽势越高的田块，田间出苗速度越快，出苗率越高。②与直播田表层水分状况有关。如果田表土壤湿润而无积水，则有利于种子发芽与扎根，出苗速度较快而且整齐，田间出苗率较高；如果田表土壤干燥含水量偏低，则不利于发芽与扎根，出苗速度较慢而且不齐，此时如遇烈日强光照，会严重影响田间出苗率；如果田表积水，则会不同程度地造成烂秧烂苗，影响田间出苗率。③直播水稻播后除草剂使用不当造成药害。杂草化学防除的基本策略是"一封、一杀、一补"，但如果施用时期不当、施用剂量偏大、药液浓度偏高及施药后田表面积水等，则易产生药害，影响种子扎根出芽，从而降低田间成苗率。④麻雀等虫鸟危害，尤其是零散种植的直播稻田块危害更重。

防治措施：①选用质量合格的种子（发芽率≥85%），并做好药剂浸种和催芽工作，做到高温破胸、适温催芽，防止种子发酸、发臭。②高质量平整田地，确保田地平整，播后田面无积水，要求达到"早、平、适、畅"，即早翻耕、田面平、畦面软硬适中、沟系畅通。③根据不同需要，选用适合的除草剂，提高用药质量和化控效果，避免药害。④播后塌谷或盖网，减轻麻雀危害。⑤加强播前和田间管理。可用35%丁硫克百威（稻拌威、好年冬等）干拌种剂，每1千克稻种用药5～6克，于播种前均匀地拌在芽谷上，等晾干后播种。如遇水稻播种后出苗差的现象，要积极采取补救措施，如移密补稀、补缺或及时补种，减少损失；增施氮肥，干湿交替灌水，加强田间肥水管理，促进分蘖的发生，争取足够的成穗苗。

2.10 直播田出苗不均匀、不整齐

症状：水稻直播是稻作生产中重要的栽培方式之一，没有育秧、返青和移栽过程，具有省工、省时、省力等优点，一般分蘖较早，成穗率高。但在实际生产中，直播稻常存在田间出苗率低、出苗不齐或出苗后达不到壮苗标准等难题，给后期生产管理造成一定影响，直接制约水稻产量的进一步提高。

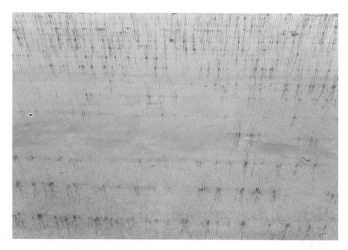

　　主要原因：①水稻直播期间经常遭遇恶劣天气，如大幅度降温、阴雨等天气，若持续低温寡照，稻种就会发芽慢或芽的生长势弱，易受病菌侵害，引起烂种、烂芽，造成出苗差，基本苗减少。②直播田土地不够平整，造成灌排不一致，极易产生田间出苗不齐的现象，高处稻种吸不上水，发芽慢而少，低洼处幼苗受深水淹灌，烂

秧漂秧严重，造成不出苗或出苗后幼苗长势弱，生长速度缓慢，引起基本苗减少。③直播稻种子贮存方法不当或存放年限过长，导致发芽率降低，甚至丧失发芽能力，播种后，直接影响播种出苗和田间出苗率。④稻田施用过多未腐熟的有机肥或种肥施用不当，种子易受毒害，造成烂种，导致出苗率降低，出苗差。

防治措施：①精细整地，做到田面平坦、渠直、边齐、田净、角方。②选用耐低温、耐盐碱、适宜直播的优良品种，精选种子，做好种子发芽试验，种子浸泡要充分。③适期早播。适播期应根据当地气候特点、品种特性、水资源情况和耕作制度等具体情况来确定。一般日平均气温稳定上升到10～12℃时即可进行播种。④定量均匀播种。根据田块面积分片称量种子播种，撒播或机械播种要做到均匀播种。⑤防治鸟类、虫害。采用物理、化学方法防止鸟类、害虫危害种子。⑥加强肥水管理，苗期阶段应以浅水层为主，结合适当晾田，以促出芽扎根，提高出苗率。如遇低温或阴天，夜间适当灌深水护苗。另外，在一叶一心期，适量追施尿素，可增强发根力，促使稻苗早生快发，形成壮苗。

第3章　苗期与营养生长

3.1　机插秧苗返青慢

症状：机插秧苗机插后，秧苗呈现长时间不返青、新根生长少、叶片发黄等症状。

主要原因：①秧苗长势弱。育秧时秧苗过密，长不出适于机插的壮秧；伤根严重，播种密度高，根系盘结紧实，机插时根系拉伤相对于手工插秧严重，受伤的根系要经过几天时间才能恢复生长，机插后秧苗抗逆性比常规手插秧苗弱。②秧苗运输过程中伤苗严重。由于起秧时秧苗多层叠压，脆弱的秧苗经过多次折腾容易折伤折断，将使秧苗返青时间增加或死苗。③秧苗栽插时高温日晒。双季晚稻由于机插时温度高，如果秧苗运输到田埂上不能及时机插，长时间日晒和高温，秧苗风干和晒死，也不易返苗。

防治措施：①采用大棚育苗，棚内温度高，昼夜温差小，有利于秧苗生长。②用硬盘育苗，盘根好，运苗不用卷苗，插秧用苗时，可直接从盘中取出，放入插秧机秧箱上，不伤苗，秧片不易折碎和掉角，可节省插秧用苗。③严格控制播种量，以利培育壮秧。④施送嫁肥。在机插秧前 3～4 天，看秧苗的长势情况，决定是否施一次送嫁肥，以利秧苗储存养分，机插后有较强的发根能力，又具有较强的抗植伤能力，缩短秧苗返青时间。⑤带药移栽。机插秧苗由于苗小体嫩，容易受潜叶蝇等侵袭，因此，机插秧前要对秧苗进行一次药剂防治，提高秧苗抗病虫害的能力，有利于缩短秧苗返青时间。⑥用秧架运输。这样秧苗放在多层秧架上可以舒展，秧块不需再卷筒，也不需再叠压，可减少伤秧的现象，使机插秧苗及时返青生长。⑦浅插秧。因为浅插田间表面温度高，可促进秧苗根系生长发育，缩短返青时间。早稻机插要做到浅插，不漂不倒，越浅越好。一般插深为 1～2 厘米。⑧浅灌水。针对秧苗个体小、生长柔弱的特点，要坚持薄水灌溉，浅水活苗。干生根，湿长苗，只要秧苗根系发育生长良好，就可以缩短秧苗返青的时间。

3.2　秧苗栽后不发苗

症状：双季稻区由于早晚稻茬口短，早稻收获后马上翻耕栽插晚稻，秧苗栽插后不发棵，叶片发黄，根系不下扎且发黑，田面有大量气泡，土壤发臭。

主要原因：早稻收获时稻草一般经过收割机直接粉碎还田，由于早晚季茬口短，翻耕后稻草不能充分腐熟，稻草腐熟过程中要消耗大量的氮，这样造成秸秆降解菌与秧苗竞争氮源，造成秧苗缺氮。秸秆降解过程中产生大量还原性物质，对秧苗根系生长产生毒害，发根差，进一步阻碍了晚稻秧苗发棵。

防治措施：①机械收获早稻时，将稻草切至 3～5 厘米，于晚稻移栽前，采用深翻的方式将大部分稻草压埋至深层土壤，减少稻草腐解对秧苗根系的影响。②针对早稻稻草还田腐解困难以及腐解过程中产生的有机酸和氮素固定对晚稻秧苗生长的危害，大田翻耕时可施入一定量的石灰，利用石灰促进稻草分解的特性，中和腐解过程产生的有机酸，降低土壤微生物对氮素的固定，从而减轻早稻大量稻草还田对晚稻生长产生的不利影响。

3.3 秧苗栽后发僵

症状：僵苗，又称坐蔸，是水稻抛栽后返青分蘖期出现的一种不正常的生长状态，具体表现为植株矮小瘦弱、生长停滞、出叶缓慢、叶尖干枯、分蘖少且发生迟、根系细瘦、色泽不正常且生长受

阻，导致水稻后期穗少穗小、粒少粒轻，从而影响产量。

主要原因：①缺素性僵苗，常见的有缺磷、钾或锌三种元素造成的僵苗，这三种僵苗均表现出叶分蘖受阻。②冷害僵苗。主要是水稻抛栽后遭遇寒潮低温侵袭，同时加上连续阴雨的灾害性天气。除叶色暗绿、生长停滞外，往往上部叶有水渍状病斑，并有死苗。③中毒性僵苗，主要是用了未腐熟的有机肥，在土壤中发酵，消耗土壤氧气使得根系缺氧，同时有机物分解产生大量还原性物质，毒害根系。

防治措施：水稻僵苗应采取以预防为主、补防为辅的综合性措施，正确诊断病因，及时采取补救措施。①对于中毒和泡土僵苗的田块，要及时排水晒田，增温补氧。具体做法是：坚持浅水勤灌与轻搁田相结合，提高土壤通透性，加速土壤环境更新，氧化有毒还原物质。②对于冷害僵苗的田块，在秧苗返青后，也应排水露田，以水调温，以水保温，日晒夜灌，提高水温和土温。③因缺素发生僵苗后，应按照缺素典型症状判断所缺营养元素，再根据缺啥补啥的原则，采取针对性措施。缺磷田块可施用过磷酸钙20～30千克/亩；缺钾田块可施用氯化钾或硫酸钾10～15千克/亩；缺锌田块可撒施硫酸锌1～2千克/亩或用0.2%的硫酸锌溶液均匀喷雾，喷施时间宜在晴天上午或下午进行。

3.4　秧苗栽后不长分蘖

症状：插秧后，秧苗分蘖慢、分蘖少。

主要原因：①分蘖发生与温度有关，分蘖期最适温度为30～32℃，低于20℃或者高于37℃均可能造成分蘖减少。②分蘖发生与光照有关，光强低于自然光照5%时，分蘖不发生甚至死苗。③分蘖期养分缺乏尤其是氮磷钾不足，影响分蘖发生。

防治措施：①早施促蘖肥、酌施保蘖肥。氮素营养对水稻分蘖起着主导作用，水稻分蘖期的需肥量是全生育期的25%～30%，所以早施速效性氮素促蘖肥，使叶色迅速转黑，是促进前期分蘖的主要措施。早熟品种分蘖期短，促蘖肥必须在插秧后7～10天内一次

施足。②科学管水。水稻插秧时为了便于浅插，一般实行薄水插秧，插秧后便适当加深水层，减少叶面蒸发，减轻植伤，以利返青成活，但也不宜过深，以免淹死下部叶片，降低水温、影响发根，一般以3.3～5.0厘米为宜，所谓"寸水活棵"。在秧苗返青后，要立即把水层放浅到1.6～3.3厘米，以利分蘖和发根。分蘖期要求浅灌，但绝不能断水受旱，必须做到浅水勤灌。水稻分蘖末期要适时晒田。③在秧苗缓苗后，可进行施药除草。防治稗草和阔叶杂草，每亩用丁草胺+农得时或草克星10～13.5克；防治三叶以上大龄稗草和三棱草，每亩用50%快杀稗35克+苯达松150克，对水20千克喷雾，可达到灭草效果。

3.5 移栽田杂草多

症状：水稻移栽后田里杂草过多，与水稻竞争阳光、养分。

主要原因：由于农业生产效益低下，农村大量劳动力转移，冬闲田面积逐年上升，农田杂草肆意滋生，严重威胁着水稻的安全生产。大部分农户由于耕地前除草不彻底，水稻移栽后除草不及时，导致除草效果欠佳，稻田草害损失不断加重。

防治措施：①干板田翻耕前除草。选用灭生性除草剂，于翻耕前5～7天选晴好天气，均匀喷雾施药防治。②移栽大田前期除草。

选用芽前封闭性除草剂，于水稻移栽后5～12天，即秧苗活蔸后灌水3～5厘米，拌细土10千克均匀撒施，要求田面平整，保水5～7天，遇雨确保水不淹过禾苗心叶，漏水田及时续灌。③水稻大田中期（移栽后20天左右）除草，对前期除草效果差，杂草发生量大的田块，在搁田期（晒田期），根据草相开展针对性化（补）除工作。

3.6 直播田杂草多

症状：直播稻与杂草同步生长，水稻前期干湿栽培，十分有利于老草复活和新草的萌发生长，致使杂草的发生有2个高峰期：①稻种播后8～15天，以稗草、千金子等禾本科杂草和异型莎草等一年生莎草为主。②播后20天左右，以莎草和阔叶草为主。目前尚缺乏兼治稗草和阔叶杂草的除草剂，导致直播稻田杂草已成为阻碍直播稻优质高产、增产增收和大面积推广应用的主要因素。

主要原因：直播稻田特殊的土壤条件和生态条件。直播稻田由于土地平整、水层浅、土壤温度高、氧气充足，非常有利于杂草种子的萌发，造成直播稻田杂草发生密度大，危害早，且由于直播田杂草出苗早、生长空间大、发生数量多，生长明显快于稻苗，因而危害严重。

防治措施：①采用精细的耕作管理，提高水稻的播种质量，适当提高播种量，争全苗、促壮苗，使稻苗尽早地形成强壮的个体，促进封垄时间提前，提高稻苗对杂草的竞争力，从而抑制杂草的发生。②消灭沟渠、田边、田埂杂草，降低杂草基数。③以水控草，切忌长时间断水而造成草荒。如千金子的发生和危害可以通过合适的水浆管理加以控制。④采用"一封、二除、三补"的化学除草技术控制杂草。要注意的是稻谷必须先催芽再播种；喷药时，田沟内需要有浅水，忌灌水上板或表面干燥；施药后3天内保持田间湿润状态，以免降低除草效果。准确掌握除草剂用量，加足水量，不随意提高使用浓度。板面要平整，沟系要健全，做到沟渠相连，灌排通畅。茎叶处理除草剂，要排干水用药，用药后2～3天上水，保水7天；化学除草后采取药杀肥补的方法，如二叶期化除后4叶期施分蘖肥，减轻除草剂对稻苗的伤害，促进稻苗正常生长。

3.7 苗期叶片徒长

症状：秧苗生长过旺，出现浓绿徒长现象，表现为叶片披散。

主要原因：氮肥使用过多。氮是水稻生长最重要的营养元素，是蛋白质的重要组成成分，也是叶绿素组成的重要物质。水稻缺氮时，植株生长矮小、黄瘦、分蘖少，穗小粒少。但氮肥过多时，植株体内氮素代谢非常旺盛，大量形成蛋白质和非蛋白质氮，大大刺激地上部分生长，使植株体内的糖分都集中形成茎叶，糖分运向根部的数量大大减少，根的生长受到抑制，植株表现头重脚轻。

防治措施：如果徒长程度不严重，可在控制氮肥的同时采取间歇灌溉或晾田，控制植株对氮素的吸收，使体内氮素代谢逐步趋于正常，消除徒长的危害。如果徒长程度比较严重时，采用晒田措施，控制植株对氮的吸收，同时，及时防治病虫害。

3.8　分蘖过多

症状：水稻分蘖期间管理不当往往造成单位面积或每穴分蘖数量过多，分蘖成穗率低，穗型小，结实率不高，还会造成病虫严重等问题。

主要原因：①基蘖肥过量，特别是氮肥施用量过大，水稻秧苗营养过于充足。②种植密度过稀，每穴分蘖出生多。③没有按照每亩目标穗数和分蘖数搁田控苗。

防治措施：

（1）合理密植。根据不同地区和地块的目标产量，安排种植密度，一般单季稻在1.0万～1.3万穴/亩，双季稻1.7万～2.0万穴/亩。

（2）科学施肥。机插秧缓苗期较手插秧长，要根据机插秧生育特点，采用"前稳、中控、后促"的肥料运筹方法。分蘖肥要分两次施，以肥来调节和利用最适分蘖节位、控制中期群体。

（3）适时搁田，控制无效分蘖数量。①把握搁田时间。水稻搁田时间要按照"时不等苗，苗不等时"的要求。时不等苗指的是当水稻生育时期达到搁田时间，不管苗数是否达到搁田要求，应该开始搁田；苗不等时指的是当群体苗数达到搁田时间，不管水稻生育时期是否达到搁田要求，应该开始搁田。水稻开始搁田的群体苗数一般是在群体苗数达到目标穗数的80%左右时断水搁田。②掌握搁田标准。搁田程度还要看田、看苗、看天而定。稻田爽水性良好的稻田要轻搁，而黏土、低洼稻田可重搁。阴雨天气、苗数较多、苗势较好的田块要适度重搁，苗数较少、长势较差的要轻搁。

3.9 叶片长分蘖少

症状：水稻营养生长期叶片生长过长，同时分蘖较少。

主要原因：移栽秧龄过大，移栽后营养生长时间过短。

防治措施：及时移栽，防止超秧龄移栽。

3.10 秧苗叶片发黄（缺氮）

症状：多表现为叶片小，叶色淡黄，从老叶向上黄化，且下部叶片叶色淡于上部叶片叶色，植株生长缓慢，分蘖迟，穗小、籽粒不饱满，产量很低，重则全株落黄，并逐渐枯死。同时，根系功能明显下降，发根慢，黄根较多。其在耕层浅瘦、基肥不足的稻田时有发生。

主要原因：土壤有机质缺乏、耕层浅瘦、氮肥供应不足或没有

及时供应。比如在分蘖期供氮不足，极易发生缺氮症。

防治措施：撒施适量速效氮肥或在植株叶面喷洒适量1%～2%尿素溶液，以及时补充氮素营养，对缺氮严重的可适当增加施氮量。避免偏施氮肥，配合使用磷、钾肥以及农家肥。此外，着力培肥土壤，防止土壤退化板结。

3.11 秧苗生长呈簇状（缺磷）

症状：水稻生长发育初期缺磷，生长点的细胞增长受阻，植株生长缓慢，个体矮小，茎叶狭细，叶片直挺，穴顶齐平，呈簇状，即所谓"一柱香"株型，分蘖少甚至无；叶色变深，呈暗绿色、灰绿色或灰蓝色；老叶出现红褐色不规则斑点，或沿着叶脉出现褐色条斑，形成赤枯症，还易引起胡麻叶斑病；抽穗、成熟延迟，减产严重。缺磷常在生育前期形成"僵苗"，表现为生长缓慢，不分蘖或延迟分蘖，秧苗细弱不发根。叶色暗绿或灰绿带紫色，叶形狭长，叶片小，叶呈环状卷曲。老根变黄，新根少而纤细，严重时变黑腐烂。成熟期不一致，穗小粒少，千粒重低，空壳率高。

主要原因：缺磷引起。磷肥进入土壤后，在酸性条件下，易被铁、铝离子固定；在微碱性和石灰性条件下，易被钙离子固定。因

此它的有效度很低，常使水稻表现缺磷现象。

防治措施：①发现缺磷，可以叶面喷施0.3%～0.5%的磷酸二氢钾溶液。②早施、集中施用磷肥。水稻在生育前期对缺磷比较敏感，吸收的磷占总需磷量的比例也较大，且磷在其体内的再利用率较高，生育前期吸收积累充足的磷，后期一般就不会发生缺磷而导致减产。因此，磷肥必须早施。同时由于磷肥在土壤中的移动性较小，而生育前期水稻根系的分布空间有限，不利于对磷的吸收，所以，磷肥要适当集中施用，如蘸根等。③选用适当的磷肥类型。磷肥类型的选择一般以土壤的酸碱性为基本依据。在缺磷的酸性土壤上宜选用钙镁磷肥、钢渣磷肥等含石灰质的磷肥，缺磷十分严重时，生育初期可适当配施过磷酸钙；在中性和石灰性土壤上宜选用过磷酸钙。④配施有机肥料和石灰。在酸性土壤上应配施有机肥料和石灰，以减少土壤对磷的固定，促进微生物的活动和磷的转化与释放，提高土壤中磷的有效性。⑤选种适当的品种。一是选用耐缺磷的品种；二是鉴于早稻易受低温影响而诱发缺磷，因此可替用生育期较长的中、迟熟品种，以减轻或预防缺磷症的发生。⑥在秧田期施足磷肥及其他肥料，适时播种，培育壮秧。壮秧抗逆能力强，根系发达，有利于生育前期对磷的吸收。⑦对于有地下水渗出的土壤，要因地制宜开挖拦水沟和引水沟，排除冷水浸入，提高土壤温度和磷的有效性，防治缺磷发僵。

3.12 秧苗叶片发红（缺钾）

症状：水稻缺钾会引发赤枯症，导致植株矮小，分蘖少，叶短而发黄，叶尖上出现赤褐色斑点，向叶基逐渐扩展，老叶最先出现赤褐色斑点，后逐渐向新叶、叶尖和叶茎部延伸，形成赤褐色条块和条斑，每长出一片新叶，就增加一片老叶的病变，最终整

株呈褐色，只留下少数新叶保持绿色。病株根系生长慢，整个根系呈黄褐色或暗褐色。

主要原因：稻田土壤钾含量不足。①没有平衡施肥，偏施氮、磷肥。②土壤过酸或过碱。土壤pH在7左右时，土壤中有效钾最多，土壤过碱会导致水稻难以吸收钾，土壤过酸则会导致钾素易流失。

防治措施：①在发现缺钾症状时，叶面喷施1%氯化钾溶液。②稻田要重视氮、磷、钾等肥的平衡施用。③酸性重的土壤可用生石灰调节。

3.13 叶片脱水青枯（干旱）

症状：水稻干旱发生的主要时期为秧苗期、移栽期、分蘖期及抽穗灌浆期，危害的主要特征：秧苗期干旱育秧困难、成苗率低、死苗，造成水稻无法播种；分蘖期干旱会导致分蘖减少，生育推迟，穗数减少，产量降低；穗分化期干旱会导致叶片卷，穗子变小，穗粒数减少，产量降低。

主要原因：受全球变暖及气候变化异常的影响，近些年来在传统的北方旱区旱情加重的同时，南方和东部多雨区季节性干旱也在扩展和加重，旱灾范围已遍及全国。所以气候异常加上灌溉设施老

化造成水稻干旱面积逐年上升。

防治措施：①选择抗旱品种。不同水稻品种抗旱性存在较大差异，有的品种在轻度干旱条件下产量损失较少。在灌浆期常遇到干旱的地区，可选择灌浆期抗旱能力较强的水稻品种。②采用集中旱育秧。水稻育秧期间遇干旱，可采取集中旱育秧，提高育秧水分利用效率，节水效果明显。③合理灌溉。孕穗开花期，可采取湿润和浅水层间隙灌溉的方式，灌1次浅水层，保持水层4～6天，湿润土壤3～5天，然后再灌第2次浅水层。如此反复多次，以合理利用储水缓解干旱。

3.14　淹水危害的叶片腐烂

症状：分蘖期淹水2～3天，出水后尚能逐渐恢复生长，淹水4～5天，地上部分全部干枯，但分蘖芽和茎生长点尚未死亡，故出水后尚能发生新叶和分蘖；淹水时间愈长，生长愈慢；稻株表现为脚叶坏死，呈黄褐色或暗绿色，心叶略有弯曲，水退后有不同程度的叶片干枯。幼穗分化期淹水2～3天，颖花分化受抑制，幼穗不能抽穗；随着淹水天数和淹水深度的增加，节间延长程度愈大，但在水退后，植株伸长节间缩短，甚至穗颈节也缩短，在严重受涝情况下，造成茎秆细弱，出现植株弯曲、折断以及倒伏等现象。

主要原因：我国水稻生长季节雨热同步，水稻生长季节雨水多，且大多集中在6~7月。在地势低洼或者排水不畅的区域易造成水稻洪涝灾害，水稻涝害主要是长期淹水条件下，水稻组织缺氧，无氧呼吸造成大量碳水化合物消耗，同时无氧呼吸产生的酒精造成毒害。洪涝一般带有大量泥沙，泥沙覆盖叶片，阻碍气体交换。

防治措施：涝害后水稻受到不同程度的损伤，应对受害程度进行诊断，以决定去留或补种。应根据水稻不同生育时期的耐涝性，判断受害程度。在水退后，早晨到田间检查，如稻苗叶尖吐水珠，表示有生机，可肯定未死；再用手捏基部，如基部坚硬，表示仍有生机，如已软糊，则已死亡。在水退后，若遇天晴干燥，稻苗倒伏枯萎，表示已死；如成弓形不倒，仍能恢复生机。受涝水稻在退水时，随退水捞去漂浮物，可减少稻苗压伤和苗叶腐烂现象。同时在退水时用竹竿来回振荡，洗去沾污茎叶的泥沙，对稻苗恢复生机效果良好。涝害发生后还要根据稻苗的生长情况，适当补施速效肥料，促进分蘖或长穗；喷施菌毒清等杀菌剂，以防止细菌性条斑病或白叶枯病的危害。

3.15 植株变矮（矮缩病）

症状：水稻矮缩病主要分布在南方稻区，又称水稻普通矮缩病、普矮、青矮等。水稻在苗期至分蘖期感病表现为，植株矮缩，分蘖增多，叶片浓绿，僵直，生长后期不能抽穗结实。孕穗期发病，多在剑叶叶片和叶鞘上出现白色点条，穗颈缩短，形成包颈或半包颈穗。病叶症状表现有两种类型：①白点型。在叶片上或叶鞘上出现与叶脉平行的虚线状黄白色点条斑，以基部最明显。始病叶以上新叶都出现点条，以下老叶一般不出现。②扭曲型。在光照不足情况下，心叶抽出呈扭曲状，随心叶伸展，叶片边缘出现波状缺刻，色泽淡黄。

主要原因：水稻矮缩病毒可由黑尾叶蝉、二条黑尾叶蝉和电光叶蝉传播，以黑尾叶蝉为主。带菌叶蝉能终身传毒，可经卵传染。黑尾叶蝉在病稻上刺吸汁液最短获毒时间5分钟。获毒后需经一段循环期才能传毒，循环期20℃时为17天，29.2℃为12.4天。水稻感病后经一段潜育期显症，苗期气温22.6℃，潜育期11～24天，28℃为6～13天，苗期至分蘖期感病的潜育期短，以后随龄期增长而延长。病毒在黑尾叶蝉体内越冬，黑尾叶蝉在看麦娘上以若虫形态越冬，翌春羽化迁回稻田危害，早稻收割后，迁至晚稻上危害，晚稻收获后，迁至看麦娘、冬稻等禾本科植物上越冬。带毒虫量是影响病发生的主要因子。水稻在分蘖期前较易感病。冬春暖、伏秋旱利于发病。稻苗嫩、虫源多发病重。

防治措施：①选用抗（耐）病品种。②要成片种植，防止叶蝉在早、晚稻和不同熟性品种上传毒；早稻早收，避免虫源迁入晚稻；收割时要背向晚稻。③加强管理，促进稻苗早发，提高抗病能力。④推广化学除草，防除看麦娘等杂草，压低越冬虫源。⑤治虫防病。及时防治在稻田繁殖的第一代若虫，并要抓住黑尾叶蝉迁入双季晚稻秧田和本田的高峰期，把虫源消灭在传毒之前。

3.16 盐害造成的叶片枯死

症状：在盐碱地种植水稻，水稻受到盐害会出现生长滞缓、植株瘦小、不分蘖，下部叶片转黄、发白，从叶尖卷曲，最后枯死。

主要原因：①土壤和灌溉水含盐量高。一般盐碱地土壤含盐量在0.3%～0.5%，水稻苗期叶片就会出现变黄、发白、叶尖卷曲、叶片干枯现象。②水稻品种不耐盐。水稻品种耐盐性存在较大差异，有的品种可以在土壤含盐量0.5%环境下生长，大多数品种在土壤含盐量0.3%环境下出现盐害症状。③盐碱地种植水稻时洗盐不当。盐碱地种植水稻，大多需要灌水洗盐，如果洗盐方法不当，洗盐后土壤中盐分含量仍然较高，种植水稻后会出现盐害。④盐碱地种植水稻，较长时间没有淡水灌溉，建立水层，导致土壤返盐，也会出现盐害。

　　防治措施：①选用耐盐品种。在盐碱地地区，已经筛选出一批耐盐品种，可根据当地生态环境选择适宜的耐盐品种。一般苗期生长繁茂的品种，根系发达，耐盐性较强。②种植前做好灌水洗盐。盐碱地在种植水稻前都要洗盐，通过洗盐，将土壤中部分盐分通过水排出。根据土壤含盐量确定洗盐次数。③以水层灌溉为主。盐碱地种植水稻应以浅水层灌溉为主，在有效分蘖终止期，要排水搁田，搁田时间应根据天气和土壤硬度情况而定；干湿灌溉期间，湿润时间也应缩短，防止土壤返盐对水稻造成盐害。

3.17　纹枯病危害的条斑枯死

　　症状：纹枯病又称云纹病，俗名花足秆、烂脚瘟、眉目斑。苗期至穗期都可发病。叶鞘染病，在近水面处产生暗绿色水渍状边缘

模糊小斑，后渐扩大呈椭圆形或云纹形，中部呈灰绿或灰褐色，湿度低时中部呈淡黄或灰白色，中部组织破坏呈半透明状，边缘暗褐；发病严重时数个病斑融合形成大病斑，呈不规则状云纹斑，常致叶片发黄枯死。叶片染病，病斑也呈云纹状，边缘褪黄，发病快时病斑呈污绿色，叶片很快腐烂。茎秆受害，症状似叶片，后期呈黄褐色，易折。穗颈部受害，初为污绿色，后变灰褐，常不能抽穗，抽穗的秕谷较多，千粒重下降。湿度大时，病部长出白色网状菌丝，后汇聚成白色菌丝团，形成菌核，菌核深褐色，易脱落。高温条件下病斑上产生一层白色粉霉层即病菌的担子和担孢子。

主要原因：由立枯丝核菌感染得病，多在高温、高湿条件下发生。纹枯病在南方稻区危害严重，是当前水稻生产上的主要病害之一。病菌主要以菌核在土壤中越冬，也能以菌丝体在病残体上或在田间杂草等其他寄主上越冬。翌春春灌时菌核飘浮于水面与其他杂物混在一起，插秧后菌核黏附于稻株近水面的叶鞘上，条件适宜生出菌丝侵入叶鞘组织危害，气生菌丝又侵染邻近植株。水稻拔节期病情开始激增，病害向横向、纵向扩展，抽穗前以叶鞘危害为主，抽穗后向叶片、穗颈部扩展。早期落入水中菌核也可引发稻株再侵染。早稻菌核是晚稻纹枯病的主要侵染源。

防治措施：①打捞菌核，减少菌源。要每季大面积打捞并带出田外深埋。②选用良种。根据各稻区的生产特点，在注重高产、优质、熟期适中的前提下，宜选用分蘖能力适中、株型紧凑、叶型较窄的水稻品种，以降低田间荫蔽作用、增加通透性、降低空气相对湿度、提高稻株抗病能力。③合理密植。水稻纹枯病发生的程度与水稻群体的大小关系密切，群体越大，发病越重。因此，适当稀植可降低田间群体密度、提高植株间的通透性、降低田间湿度，从而达到有效减轻病害发生及防止倒伏的目的。④加强栽培管理，施足基肥，早施追肥，不可偏施氮肥，增施磷钾肥，采用配方施肥技术，使水稻前期不披叶，中期不徒长，后期不贪青。灌水做到分蘖浅水、够苗露田、晒田促根、肥田重晒、瘦田轻晒、长穗湿润、不早断水、防止早衰，要掌握"前浅、中晒、后湿润"的原则。⑤井冈霉素与枯草芽孢杆菌或蜡质芽孢杆菌的复配剂如纹曲宁等药剂，持效期比井冈霉素长，可以选用。丙环唑、烯唑醇、己唑醇等部分唑类杀菌剂对纹枯病防治效果好，持效期较长，但超量使用会抑制水稻节间拔长，严重的可造成水稻抽穗不良，出现包颈现象。高科恶霉灵或苯醚甲环唑与丙环唑或腈菌唑等三唑类的复配剂在水稻抽穗前后可以使用。

3.18 稻瘟病危害的植株枯死

症状：稻瘟病又名稻热病，俗称火烧瘟、磕头瘟。稻瘟病是水稻四大重要病害之一，危害水稻各部分，在水稻整个生育期都有发生。秧苗发病后变成黄褐色而枯死，不形成明显病斑，潮湿时，可长出青灰色霉。在水稻秧苗期和分蘖期发病，可使叶片大量枯死，严重时全田呈火烧状，有些稻株虽不枯死，但抽出的新叶不易伸长。

主要原因：①施用的有机肥未充分腐熟；施用氮肥过多或过迟，植株生长过嫩，抗病性降低易发病。②未及时烤田，或烤田不好，长期灌深水，排水不良的田块易发病。③栽培过密，田间通风透光差，虫害严重的田块易发病。④管理粗放，田间及四周田埂杂草丛生的田块易发病。⑤长期连阴雨、长期灌深水、大水串灌、气候温暖、日照不足、时晴时雨、多雾、重露等条件下易发病。⑥大面积种植高优品种，抗病性差极易导致大面积发病。

防治措施：①根据当地预报及时检查田间症状。②合理施肥管水，提倡施用酵素菌沤制的或充分腐熟的农家肥，采取测土配方技术，足底肥，早追肥，巧补穗肥，多施农家肥，节氮增施磷钾肥，防止偏施迟施氮肥，浅水勤灌，防止串灌，烤田适中。以增强植株抗病力，减轻发病。③选择抗稻瘟病的品种。④加强田间管理，培育壮苗，增强植株抗病力，有利于减轻病害。如催芽不宜过长，拔秧要尽可能避免损根，做到"五不插"：即不插隔夜秧，不插老龄秧，不插深泥秧，不插烈日秧，不插冷水渍的秧。发现病株，及时拔除烧毁或高温沤肥。

3.19　二化螟危害的枯鞘枯心

症状：二化螟是我国水稻上危害最为严重的常发性害虫之一。水稻在分蘖期受害造成枯鞘、枯心苗，在穗期受害造成虫伤株和白穗，一般年份减产3%～5%，严重时减产在三成以上。

主要原因：二化螟幼虫在稻草、稻桩及其他寄主植物根茎中越冬。越冬幼虫在春季化蛹羽化。由于越冬场所不同，一代蛾发生极不整齐。螟蛾有趋光性和喜欢在叶宽、秆粗及生长嫩绿的稻田里产卵，苗期时多产在叶片上，圆秆拔节后大多产在叶鞘上。初孵幼虫先侵入叶鞘集中危害，造成枯鞘，到2～3龄后蛀入茎秆，造成枯心、白穗和虫伤株。初孵幼虫，在苗期水稻上一般分散或几条幼虫集中危害；在大的稻株上，一般先集中危害，数十至百余条幼虫集中在一稻株叶鞘内，至3龄幼虫后才转株危害。二化螟幼虫生活力强，食性广，耐干旱、潮湿和低温等恶劣环境，故越冬死亡率低。天敌对二化螟的数量消长起到一定抑制作用，尤以卵寄生蜂更为重要，应注意保护利用。

防治措施：①做好螟虫发生期、发生量和发生程度的预测。②采用农业防治合理安排冬作物，晚熟小麦、大麦、油菜、留种绿肥要注意安排在虫源少的晚稻田中，可减少越冬的基数。对稻草中含虫多的要及早处理，也可把基部10～15厘米先切除烧毁。灌水杀蛹，即在二化螟初蛹期采用烤田、搁田或灌浅水，以降低化蛹的部位，进入化蛹高峰期时，突然灌深水10厘米以上，经3～4天，大部分老熟幼虫和蛹会被淹死。③选育、种植耐水稻螟虫的品种，并根据种群动态模型用药防治。

3.20 稻飞虱危害的植株斑点

症状：稻飞虱具有刺吸式口器，通过口器吸食水稻的汁液，从而干扰植株光合产物的正常分配，使得输送到根系的营养物质减少，从而打乱根系的正常生理活动，加速叶片的衰老，引起稻叶失水发黄，稻株下部变黑腐烂发臭、瘫痪倒伏、落塘枯死，称为"冒穿""穿顶"。褐飞虱在吸食水稻营养的同时还携带病毒病、草状丛矮病和齿叶矮缩病等病菌。

主要原因：稻飞虱是一种迁飞性害虫。迁入虫量的多少与时间的迟早与稻飞虱的发生程度密切相关。由于全球气候变暖，太平洋副高在旱季明显增强，南北气流对流频繁，给稻飞虱的迁移创造了极有利的条件，造成稻飞虱大发生频率越来越高。在地少人多，力争高产的需求下，我国的稻田出现了与自然生态系统下完全不同的人工栽培体系，也为稻飞虱的发生与蔓延提供了条件。同时，生产上滥用杀虫剂特别是有机磷农药和菊酯类农药，导致稻飞虱抗药性增强、再猖獗危害现象加剧。

防治措施：①农业防治措施。栽种抗虫品种，实施连片种植，合理布局，防止飞虱迁回转移、辗转危害；健身栽培，科学管理肥水，做到排灌自如；合理用肥，防止田间封行过早、稻苗徒长荫蔽，增加田间通风透光度，降低湿度；安装频振式杀虫灯诱杀成虫。②生物防治措施。保护利用自然天敌，调控稻田块周围的小生态环境，在田埂上撒布可引诱稻飞虱天敌的有益杂草，增加天敌的数量，充分发挥天敌对稻飞虱的控害作用；根据稻飞虱集中危害基部的特点，可进行稻田养鸭防治，采用稻鸭共栖的形式，进行稻飞虱防治，每亩在稻飞虱迁飞来到之时，不定期或定期将鸭子放在田中，利用鸭子捉虫。③化学防治措施。在若虫孵化高峰至 2 ～ 3 龄若虫发生盛期，采用"突出重点、压前控后"的防治策略，每亩用 25% 扑虱灵可湿性粉剂 10 克，或 10% 吡虫啉可湿性粉剂 20 ～ 30 克对水 50 千克喷雾，也可以每亩用 5% 氟虫腈胶悬剂 30 ～ 40 毫升，对水 50 千克喷雾防治。

3.21 除草剂药害（叶片发黄）

症状：田间大面积表现出水稻植株明显矮缩，生长停滞，叶片不展开，叶片呈筒状，分蘖少且发生慢；水稻发新根速度慢，根系变褐色，严重时根部腐烂，植株死亡；水稻茎叶部和根部畸形，常见的畸形有卷叶、丛生、肿根、畸形穗等。

主要原因：水稻因沤根、缺素或病虫危害等，有时也会出现与除草剂药害相类似的症状，通过调查和分析，判别是否属除草剂药害。①从施药时期和施药量判断。如果施药防治病虫害的时间在水稻插（抛）秧后 1 ～ 2 天，则较敏感，有时会出现药害，个别农药产品高剂量施用也容易出现药害。②查肥水、土壤状况。检查是否因施肥不当或施用未腐熟的有机肥，或禾秆绿肥沤田不当引起植株出现生长不良症状。药后灌水过深（浸没生长点），易产生药害。③查病虫害。稻管蓟马及稻食根叶甲危害的稻株会矮小簇生，叶尖部分枯黄呈管状卷起，须根短小。水稻普通矮缩病的症状主要是叶片黄化并枯卷，植株矮缩，从顶部叶尖开始褪色，出现碎斑块，但叶脉仍保持绿色，叶片常呈明显的黄绿相间条纹。④看施药前后禾苗长势。水稻插（抛）秧正常回青（立苗）后，如果异常症状发生在施药后，而相邻同秧质同品种其他田块禾苗生长正常的可能是药害。

防治措施：①重新插（抛）秧。经诊断确认禾苗药害严重，禾苗黄化占8成以上，要筹集秧苗立即补插（抛）。具体操作方法：先排清田水，轻犁一次后再排放浊水，然后插（抛）秧。近年，播种及插（抛）秧季节较传统季节提早7～15天。发现药害至补插一般是5～10天，季节矛盾不突出。②加强肥水管理及时中耕。发现药害田块首先要排清已施药的田水，灌入新鲜的活水；其次是耘田中耕，把表层土吸附的药剂翻入深土中，减少药剂对水稻根系的作用。耘田后2～3天，亩施复合肥2～4千克，促根长叶，加快生长。③施用生根剂。排水、耘田及施肥后，最好能亩施浓度为200毫克/千克的生根剂2千克，对促根有较好效果，可加快生长速度。

3.22 灭生性除草剂药害（枯死）

症状：药害初期叶片呈现焦枯斑点，受害的水稻1～2天后出现心叶卷束，像竹叶一样，叶色淡黄，但老叶正常。随着时间的推移，心叶渐渐枯黄如螟虫危害的枯心苗，继而枯死腐烂，紧接着蔓延到下部叶片和基部，最后连根系一起枯死腐烂。

主要原因：①在使用灭生性除草剂除田埂杂草时，由于保护措施不到位（未用保护罩）、大风时喷雾、喷头提得过高等，导致田埂旁边的水稻遭受药害。②喷用除草剂的药桶未洗净而喷施在水稻上造成药害。

防治措施：对于内吸传导式药剂，药后要么顺其自然，要么早期补苗，无法挽回时，只能改种或补种；非内吸传导性药剂，仅在着药部位出现坏死斑，不会对新叶造成伤害，如果药害不严重的情况下，可以喷施叶面肥与调节剂，追施速效肥促新叶快速生长来恢复水稻生长。

第4章　穗发育与开花结实

4.1　翘稻头

症状：主要表现为稻穗比正常穗的穗数少，枝梗较少，籽粒达不到正常籽粒的一半，颖壳发生开裂，米粒外露，且发黑、发黄，穗直挺上翘，俗称"翘穗头"。

主要原因：①受低温冷害影响。水稻幼穗分化期的最适温度为26~30℃，在水稻孕穗期，如遇日平均气温连续3天以上低于19~23℃，最低温度低于15~17℃，将影响花粉的正常形成，造成花粉败育；抽穗扬花期如遇日平均低于23℃的温度将影响裂药、授粉。②养分施用比例不合理，烤田不适时适度，后期氮肥施用过多过迟，降低了植株的抗逆性。③由水稻干尖线虫引起的种传病害。

防治措施：①选择抗低温冷害的品种是防御冷害最有效措施。主推品种应具备生育期适宜，高产、优质、抗逆性较强等特性。②在遇低温冷害时，增加稻田水层深度，灌水深度6～10厘米，可以起到以水调温的效果。在水稻孕穗、抽穗期发生冷害时要及时喷施浓度2%尿素或浓度0.2%磷酸二氢钾溶液，可增强稻株的抗低温能力。③稻种播前用6%杀螟丹水剂2 000倍药剂浸种48小时，能够有效杀死稻种中的干尖线虫。

4.2 叶片披垂

症状：水稻抽穗开花期叶片大而软，抽穗不整齐，倒三叶生长旺盛，叶片宽而长，柔软而下垂，特别是在早晨有露水时叶片披垂显著，叶色浓绿，生育期显著延迟。

主要原因：①中后期追肥过多或过晚，造成无效分蘖增多，群体过大，导致幼穗分化和生育进程推迟。特别是水稻抽穗后，施氮素化肥过多，造成叶片生长过旺，植株贪青，不利于营养物质向穗部转运和积累，使灌浆速度减慢，谷粒不饱满，粒重降低，空秕增加。②生育中期受旱，生长发育失调，稻株不能吸收养分进行营养生长，提早进入生殖生长，后期遇到适宜水分，导致叶片生长迅速。

防治措施：①合理运筹肥水，在合理密植的基础上，做到看天、看苗、看田科学施肥和管水。尤其是后期要因苗施肥。②水稻抽穗后，发生徒长和叶片披垂，最有效的方法是及时排干田水晒田。晒田的时间和程度，看稻苗的颜色而定。如晒田5～7天，叶片已由浓绿转黄时，停止晒田，复浅水保持田间湿润；如稻叶未转黄，继续晒田，如植株颜色已转为正常，可复水保持浅水层或湿润灌溉，保持干干湿湿，促进早熟、活熟。在晒田期间，可叶面喷施0.1％磷酸二氢钾1～2次，从而提高穗粒数和结实率。

4.3 无效分蘖多

症状：一般在分蘖后期所发生的分蘖，多数会中途停止生长而不能成穗，白白浪费养分，视为无效分蘖。

主要原因：在生长条件适宜的情况下，主茎在分蘖前期有较多的养分供应分蘖生长，而在分蘖后期，由于主茎叶片、茎秆、穗的迅速生长需要大量的营养，对分蘖的物质供应便会急剧减少，这时不足三叶的分蘖由于营养供给不足而停止生长，成为无效分蘖。

防治措施：①及时晒田。分蘖末期排水晒田，适当减少稻田水分的供给防止其分蘖过多。②拔节后要减少肥料撒施以及叶面施肥，特别是氮肥的用量。③浅水勤灌。水稻插秧返青后，应尽量做到浅水勤灌，除低温阴雨天气或寒冷的夜间需灌深水外，晴天田间保持3厘米左右水层即可，以提高水温、泥温，促秧苗早发分蘖，多发低位大蘖，抑制无效分蘖的发生。

4.4　高节间分蘖

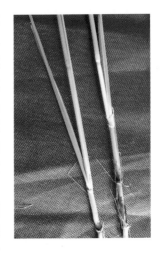

症状：高节间分蘖为水稻茎节倒数第2～3茎节处出现的分支，可单独成穗，具有形成有效穗的潜力，但是由于和主茎穗的生育进程相差较大，正常大田条件下主茎穗成熟时，高节间分蘖穗往往为不成熟状态，并不能作为成熟籽粒收获。但当主茎穗部遭受高温胁迫等恶劣环境产量受损时，高节间分蘖的出现可以弥补一定程度的产量损失。

主要原因：在正常大田条件下，水稻高节间分蘖出现的主要原因是土壤肥料供应冗余，肥水调控不协调，导致水稻叶片生长旺盛，而水稻穗发育较缓，水稻植株源库不协调，水稻同化物过多积累在茎节中，导致高节间分蘖出现。环境胁迫的影响也导致高节间分蘖出现，特别是穗分化期和开花期受高温影响后，水稻叶片生长并不受高温胁迫的影响，而穗发育和颖花结实受到高温的抑制，叶片形成的干物质不能有效供给穗发育，导致出现高节间分蘖。

防治措施：①合理密植，根据土壤肥力和预期水稻产量精确定量施肥，做好水分管理，特别在水稻拔节期和穗分化期要控制肥水，使叶片生长和穗发育相协调。②水稻穗分化期和开花期遇到高温胁迫时，要明确热害的影响程度，短期受热害并不会显著影响群体的物质积累和运转，合理的肥水管理就能够有效缓解，如遇长时间的极端高温天气，主茎穗部产量损失达70%以上时，可施肥培育高节间分蘖，即蓄留再生稻，可降低水稻产量损失。

4.5　抽穗不整齐

症状：水稻抽穗参差不齐，有的还未扬花，有的稻穗却已半成熟。

主要原因：①使用的稻种不纯，或者是多年自繁后品种退化。

②栽培管理技术不当，如栽插密度过低、单株分蘖成穗偏多，或播种过大、插植过密、秧龄过长、田间发生僵苗和病虫危害（如稻飞虱、恶苗病）等，均会导致稻株发育进度不一，抽穗不齐。③病害原因，如水稻缺钾易出现胡麻叶斑病的症状，发病植株新叶抽出困难，导致抽穗不齐，或前期水稻条纹叶枯病造成死苗，后期小分蘖成穗多，导致抽穗期不一、穗层不整齐。④气候因素，如高温干旱，日照充足，遭遇"空梅"（即梅雨季节不下雨），会导致有些稻株生育进程加快，提前进入生殖生长，从而发生早穗，导致抽穗不齐。

防治措施：①选择通过审定的纯度高的优质高产品种，针对多年自繁后品种退化，需要做好种子提纯。②合理种植密度，做好肥水管理，合理优化水稻群体，防止病害发生。

4.6 穗抽不出

症状：水稻最上部节间缩短，出现包颈包穗现象，导致水稻颖花开放受阻，结实率低，每穗粒数下降，产量下降50%以上。

主要原因：①异常的气候条件如孕穗期遭遇干旱、高温或低温。干旱缺水易导致水稻生理机能受阻，发育不良，生长停滞，干物质积累减少，茎节伸长受阻，孕穗后期则导致水稻抽穗受阻或穗抽不出来。双季早稻和晚稻孕穗期如遇20℃以下的低温天气，水稻抽穗会受阻。②药剂喷施不当。在防治病害过程中，水稻破口时过量施用唑类药物，会影响水稻植株体内代谢，影响节间伸长而导致包颈现象。③由水稻特殊病害引起。如水稻鞘腐病等病害，导致水稻生长势较弱，影响抽穗。

干旱危害导致穗抽不出　　　　　低温危害导致穗抽不出

防治措施：①选种抗高温或抗低温的水稻品种。结合各地气候条件，选择适宜的水稻品种，并结合适宜的肥水调节措施，防止高温和低温危害。②推广水稻节水栽培技术。根据水稻生理需水习性，采用间歇深蓄、间歇普蓄，前干后水等方法，提高水稻后期的抗旱能力和水分利用效率。也可以利用保水剂和抗旱剂。③水稻破口到抽穗期间免疫功能差，对唑醇类农药十分敏感，建议该期间不使用此类农药，避免对水稻抽穗开花和籽粒结实造成影响。④在水稻孕穗期要及时进行病害防治，根据不同病害的特点选用有效的药剂，尽量做到一喷多防。病害防治以水稻破口7～10天进行为宜。

4.7 籽粒不结实

症状：灌浆不实，每穗实粒数减少，瘪粒增多，千粒重下降，产量降低。

主要原因：①干旱危害。水稻穗分化形成期植株蒸腾量大，水

干旱导致籽粒不结实

低温导致籽粒不结实

高温导致籽粒不结实

分需求多，是水分敏感期，该期遇干旱，会导致抽穗困难，穗型变小，结实率下降，减产严重。灌浆成熟期稻田无水干裂，会造成叶片过早枯黄，粒重降低。②低温危害。低温引起水稻结实率下降最敏感的时期是减数分裂期，此期遇低温可导致水稻花药发育不良，花粉形成受阻，影响后期授粉受精。开花期是低温影响的次敏感时期，此期低温影响水稻抽穗开花。③高温危害。减数分裂期遇到高温天气影响花粉发育；开花期高温导致花药开裂受阻，颖花散粉不畅，散粉后花粉管萌发受抑制，受精过程受阻，导致颖花受精后子房不膨大，颖花形成空粒、秕粒。

防治措施：①做好预测预警。各地区要结合本地区水稻生育期和气象部门预测，明确高温、低温、干旱等不良气候因素的影响程度。②根据预测选种抗性强的水稻品种。生产上籼稻品种由于花时较早，受高温影响程度要小于粳稻；粳稻品种比籼稻品种更耐低温，晚稻选用粳稻品种能够明显降低低温伤害；生物量较大的杂交稻品种，有更强的抵御高温的能力。③根据各地历史气候条件和品种特性，调节播期，使水稻开花期避开高温、低温、干旱等季节。长江流域地区为避开花期高温，双季早稻应选用中熟早籼品种，适当早播，使开花期在6月下旬至7月初完成，而中稻可选用中、晚熟品种，适当延迟播期，使籼稻开花期在8月下旬，粳稻开花期在8月下旬至9月上旬结束，这样可以避免或减轻夏季高温危害。④构建适宜群体，合理肥水管理。适当增加行距和株距构建适宜群体，有利于稻田群体内部空气流通，利于降低温度，群体质量的提升可提高水稻个体抵御高温的能力；灌深水可以有效降低穗部温度和水稻群体温度，减轻高温热害；微肥和化学调节剂的利用对抗高温有一定效果，孕穗期施用外源硅可提高花药授粉性能，叶面喷施水杨酸、磷酸二氢钾等可提高结实率。

4.8　叶尖发焦（干热风）

症状：水稻上部叶片的叶尖，通常长3~5厘米，先是发白，后卷曲发焦。

主要原因：①生理性叶片发焦。主要是由于水稻生长后期根系活力衰退，或者脱水脱肥引起的，有的与品种特性有一定关系。②缺钾、缺锌。水稻如果大量短缺这两种元素会造成叶尖发黄发焦。③肥害。主要是氨水、碳酸氢铵等肥料或者农药施用不当造成叶片焦灼黄化。

防治措施：对于生理性叶尖发焦，可选种优质抗早衰品种，保持农田湿润水分充足；对于缺素造成的叶尖发焦，最好的方式是叶片喷施叶面肥如磷酸二氢钾；对于肥害引起的叶尖发焦，应立即灌深水，或向叶片喷洒清水来稀释药液。

4.9 穗颖花退化

症状：单季中稻孕穗期40℃以上高温天气、双季早稻和晚稻穗分化期25℃以下低温易导致穗顶部颖花退化，穗型变小，水稻每穗粒数减少，产量降低。

主要原因：穗顶部颖花生长干物质供应不足所致。①高温条件下水稻穗发育过程中干物质利用率低，水稻穗发育抗氧化能力降低，颖花形成受到伤害，造成颖花退化。②低温条件下，水稻穗发育停滞，水稻干物质积累供应不足，引起穗顶部颖花退化。③干旱、大田栽培措施不当（播期过早过晚、种植方式不合理、氮肥施用不当等）也会引起穗顶部颖花退化。

低温导致颖花退化　　　　　　高温导致颖花退化

防治措施：①选种抗性强、颖花退化率较低的品种。②做好灾害防控，遇到高低温、干旱等环境胁迫时及时采取栽培措施，减少颖花退化的发生。如遭遇高温，灌深水降低穗部的温度能够有效缓解高温对穗发育的影响，喷施水杨酸和磷酸二氢钾能够缓解穗顶部的颖花退化。③合理种植制度和肥水管理。水稻生长前期有效的肥水管理，使水稻植株有较强的根系活力，能够促进干旱下水分的利用和吸收，缓解高温带来的损失。正常条件下，穗期氮肥施用过多或过少均不利于水稻颖花形成，为此，根据不同品种的生育期和穗发育特性，安排合适的播栽期，一方面能够有效避开高温和低温等环境胁迫，另一方面能使水稻达到最佳的水稻生长状态。明确最佳肥料的运筹方式，可减少颖花退化的发生，在水稻穗发育期，适当增加硅肥，能够提高水稻茎鞘的干物质供应水平，促进水稻穗粒形成。灌浆时期遇旱及时灌溉可有效抵御干旱危害造成的影响。

4.10　高温危害的白穗

症状：有两类，一类是水稻整穗退化，即稻穗上所有的颖花和枝梗均退化，穗粒数为0；另一类是稻穗失水泛白。

主要原因：由环境条件导致，如穗分化期间长时间的高温失水或高温干旱胁迫，导致穗发育严重受阻，颖花大量退化，进而形成白穗。

防治措施：孕穗期科学管水，保持一定的水层，有效控制水稻穗部温度，对高温干旱引起的白穗现象有明显的抑制作用。

4.11　颖花畸形（鹰嘴穗）

症状：颖壳扁平扭曲、畸形、不闭合，部分外颖顶端弯曲，包住内颖的顶部并向内颖一侧突出，很像老鹰嘴，黄熟期仍保持绿色，灌浆不良，呈瘪谷。

主要原因：①水稻花粉母细胞减数分裂期、颖花分化期、抽穗开花期遭受水分的急剧变化，先是缺水，而后突然灌水，营养生长骤然旺盛起来，生殖生长受到严重抑制，导致生理性病害（旱青立病）发生。②土壤有机质含量低，营养元素缺乏，除草剂残留严重。③秧苗弱，大穴密植，通风透光差，未及时搁田，根系没有扎深，抗逆能力弱。④灌溉水中含有强酸性、重金属残留及三氯乙醛等物质。

防治措施：①改良土壤，调节土壤团粒结构。增施有机肥，提高土壤有机质含量，降低有毒物质活性，提高水稻解毒能力，整地时亩施40～50千克生石灰降低土壤酸度，既能提高水稻根系活性，又能增加对水肥的吸收能力。②增施含硫元素的肥料，科学水分管理。

4.12 茎叶水渍状枯死（纹枯病）

症状：水稻叶鞘、叶片发生水渍状枯死。叶鞘发病时先在近水面处出现水渍状暗绿色小点，逐渐扩大后呈椭圆形或云形病斑。叶片病斑与叶鞘病斑相似，发病严重时会引起叶片早枯，导致稻株不能正常抽穗。

主要原因：水稻纹枯病所致。该病主要危害水稻叶鞘和叶片，严重时也危害茎秆和穗部，一般受害轻的减产5%～10%。随着水稻生产上种植密度增加，施肥水平提高，该病有逐年加重的趋势。

防治措施：①科学肥水管理。采用配方施肥技术，施足基肥，早施追肥，增施磷钾肥，不偏施氮肥，使水稻前期不披叶，中期不徒长，后期不贪青。灌水按照"前浅、中晒、后湿润"的原则，做到浅水分蘖、不早断水。②化学药剂防治。水稻分蘖后期至孕穗期，每亩用5%井冈霉素水剂（粉剂）150～200毫升对水50千克喷雾，用药1～2次，能有效防治水稻纹枯病，而且对水稻生长有促进作用。水稻幼穗形成之前，每亩用20%稻脚青可湿性粉剂100克对水75千克喷雾；再在水稻孕穗期每亩用5%井冈霉素水剂150毫升对水50千克喷雾，两次用药后可有效防治纹枯病。

4.13 叶尖心叶黄化枯死（干尖线虫病）

症状：在孕穗期剑叶或上部2、3叶尖端1～8厘米处逐渐枯死，呈黄褐色或褐色，略透明，捻转扭曲，与健部有明显褐色界纹。

主要原因：水稻干尖线虫病导致，又称为白尖病。全国各大稻区均有发生，一般可造成减产10%～20%，严重者达30%以上。

防治措施：种传病害，以药剂处理种子为主，大田很少施药防治。①温汤浸种。稻谷先用冷水渍种24小时，然后移入55℃温水中浸15分钟，立即冷却催芽、播种。②药剂浸种。用线菌灵600倍液，浸种48小时，或者用10%浸种灵乳油针剂5 000倍液（每瓶2毫升药液对水10千克，可浸稻种6～8千克），浸种120小时，可兼治干尖线虫病和恶苗病，或者用50%杀螟松乳剂1 000倍液浸种24～48小时，捞出冲洗干净，催芽、播种。

4.14 稻飞虱危害的枯叶

症状：水稻茎秆上留有褐色伤痕、斑点，严重时，稻丛下部变黑色，全株叶片枯萎。被害稻田常先在田间出现"黄塘""穿顶"，逐渐扩大成片，直至全田枯死。

　　主要原因：稻飞虱危害所致。稻田飞虱包括褐飞虱、白背飞虱、灰飞虱等，总体上以褐飞虱的危害最大。

　　防治措施：①选种抗虫品种。我国大批抗褐飞虱的水稻品种的育成和推广，成为褐飞虱治理的关键措施。②科学肥水管理。排灌适宜，合理用肥，防止田间封行过早、稻苗徒长荫蔽，增加田间通风透光度。③药剂防治。采用"突出重点、压前控后"的防治策略：亩用25%扑虱灵可湿性粉剂15克喷雾，重发年份可提高到亩用20～25克喷雾，每亩对水50～60千克，持效期可达1个月。或采用常规喷雾、粗水喷雾或撒毒土等方法，亩用10%吡虫啉可湿性粉剂15～20克，大发生年份可提高到每亩30～35克，药后3天防效即可达90%以上，7～25天防效最好，持效期达1个半月。

第5章 灌浆与成熟

5.1 贪青

症状：水稻到了生育后期，茎叶仍繁茂呈青绿色，迟迟不开始开花抽穗，称为贪青晚熟。

主要原因：肥料使用过量，特别是氮肥使用过量，导致水稻叶色一直浓绿。

防治措施：①确定适宜种植密度，机插秧在行距固定为30厘米情况下，单季杂交稻株距控制在16～21厘米，常规稻或双季稻株距控制在12～16厘米。②合理施肥，控制氮肥用量，防止前期生长过旺、群体过大，导致旺长。同时，后期看苗施肥，对生长过旺的稻田，减少穗肥氮肥施用。③及时开丰产沟，够苗后合理搁田，控制无效分蘖。

5.2　早衰

症状：正常生长条件下，水稻在抽穗至成熟阶段，随着谷粒的成熟，叶片由下而上逐渐枯黄，至谷粒成熟上部叶片仍然保持绿色。而早衰水稻植株叶片则呈棕褐色，叶片薄而纵向弯曲，叶片顶端显示污白色的枯死状态，远看一片枯焦，呈现未老先衰的现象，叶片早衰导致绿叶面积急剧减少，功能叶片光合时间缩短，光合能力降低，空秕粒增多，影响水稻的产量和品质。

主要原因：①生育前期生长过旺，后期出穗后叶片内积蓄的营养物质运转较快，在肥水管理不当的情况下，群体与个体间的矛盾加深，养分不足导致根部缺氧，造成叶片早衰。②前期种植密度过大，后期稻株田间荫蔽严重，叶片光合能力削弱，根系活力受到影响，吸收养分的能力减弱使稻根早衰而失去养根保叶的功能，引起早衰。③水稻后期断水过早，使植株因缺水叶片枯萎，光合作用减弱；或长期淹灌或灌水太多引起土壤通透性不良，阻碍根系生长，根系吸收养分能力减弱，导致早衰。④水稻前中期氮肥施用过多、后期脱肥，磷、钾及微肥相对供应不足，致使植株因得不到养分补充，对地上部养分供应减少，叶片内氮素含量下降，出现叶片枯黄，发生早衰现象。⑤高温热风、低温寒潮等不良气候的影响，使水稻根、叶生理活动受阻，出现早衰。水稻生长后期如遇高温、热风，叶片呼吸作用过旺，水肥供应不足，叶内氮素下降，会导致水稻生长衰弱，叶片提前衰老枯黄，发生早衰；水稻灌浆期遇到低温寒潮（特别是 $5 \sim 6$℃低温）或日照时数过少，极易导致耐寒能力差的品种和根系发育不良的植株因同化物质生成和转移速度减慢，出现叶片变色而早衰。

防治措施：①改良土壤。每年要进行秋整地，合理翻耕改变土壤的理化性质，增强土壤的通透性，促进根系发育，预防水稻早衰。②合理施肥。合理施肥可增强稻株抗病能力，防止早衰，但切忌迟施、偏施氮肥。应施足基肥，早施追肥，氮、磷、钾合理搭配，以满足水稻在不同生育时期对养分的需要，防止中期脱肥，后期早衰。基肥以腐熟的有机肥为主，追肥宜少吃多餐，看苗施用穗肥和粒肥，防止一次施量过多，对缺肥早衰的田块应补施粒肥，可用 $1\% \sim 2\%$ 的尿素溶液进行根外追肥迅速缓解水稻营养缺乏的症状。③科学灌溉。水稻生育前期，应合理浅灌，提高水温，促进新根发生；水稻生育后期齐穗后到灌浆期，要保证水分充足，严禁长期漫灌，应采取干湿交替、湿润灌溉、推迟断水的灌溉方法，协调土壤水、温、气的矛盾，增强根系活力，延长叶片功能期来防治早衰；水稻进入黄熟期后要根据具体情况停水或排水，以利收获，防止后期断水过早，提倡养老稻，养根保叶。

5.3 叶片徒长

症状：叶片是水稻的主要光合器官，叶片角度与光合速率有密切关系，是水稻重要的形态特性，但由于水稻本身特性或生长过旺，上三叶过大过长，水稻还未成熟，叶片与茎秆的夹角无限大，叶片徒长，造成披垂，相互遮阴，引起叶片早衰，影响产量和品质。

主要原因：氮肥施用过多，或穗肥施用时间偏晚，水分管理不当，上三叶生长过旺，水稻剑叶的长、宽和长宽比均相应增加，群体透光较差，造成徒长披垂。

防治措施：优化穗肥施用方法，从产量和稻米品质上综合考虑，减少穗肥的施用量，穗肥可以分两次施用，第一次少施，第二次看水稻生长状况补施。水分按正常水稻管理，采取浅湿灌溉。

5.4　剑叶过长

症状：剑叶作为水稻灌浆期最重要的功能叶，适当提高它在群体中的比例可以有效减轻抽穗后叶面积的衰老，但剑叶过长会造成披叶，对群体透风透光及光合生产不利，还会增加发病机会。

主要原因：①品种本身特性决定。有些高产品种植株本身高大，上三叶面积较大，叶片易徒长披垂。②穗肥施用过多，上三叶生长过旺，水稻剑叶的长、宽和长宽比均相应增加，群体透光较差，容易造成徒长披垂。

防治措施：①肥料管理。早施、重施分蘖肥，氮、磷、钾合理搭配，不要偏施氮肥，高肥力的田块应减少氮肥施用量。②水分管理。浅水分蘖，够苗露晒，层水抽穗，干干湿湿至成熟，中期要注意控苗搁田，防止剑叶过长。

5.5 叶片褐色斑点

症状：叶上散生许多大小不等的病斑，病斑中央为灰褐色至灰白色，边缘为褐色，周围有黄色晕圈，病斑的两端无坏死线。

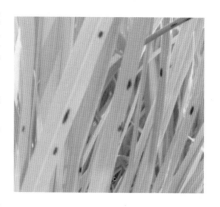

主要原因：胡麻叶斑病所致，多发生于水肥不足、水稻生长不良的稻田内。

防治措施：①选择在无病田留种，病稻草要及时处理销毁，深耕灭茬，压低菌源。②按水稻需肥规律，采用配方施肥技术，合理施肥，增加磷钾肥及有机肥，特别是钾肥的施用可提高植株抗病力。酸性土要注意排水，并施用适量石灰，以促进有机肥物质的正常分解，改变土壤酸度。实行浅灌、勤灌，避免长期水淹造成通气不良。③种子消毒处理。稻种在消毒处理前，最好先晒1～3天，这样可促进种子发芽和病菌萌动，以利杀菌，之后用风、筛、簸、泥水、盐水选种，然后消毒。④药剂防治。重点在抽穗至乳熟阶段的发病初期喷雾防治，以保护剑叶、穗颈和谷粒不受侵染。

5.6 倒伏

症状：倒伏是水稻生产中普遍存在的问题，尤其在一些恶劣天气干扰的情况下，比如大风、大雨、冰雹之类，更易使水稻出现大面积的倒伏现象，且倒伏水稻容易发生腐烂霉变等问题，直接影响

水稻的产量和品质。

　　主要原因：①品种自身原因。当今水稻品种非常多，不同的品种抗倒伏能力也不一样，植株节间短、茎秆粗壮、叶片直立、剑叶短和根系发达的水稻品种抗倒伏能力强，反之易发生倒伏。②栽培技术不到位。育秧技术不到位，容易使秧苗出现细长不带分蘖的现象，并且在移栽到田地里后难形成大分蘖和壮分蘖，导致秧苗的群体瘦弱；种植密度不合理，导致水稻封垄后通风透光不足，水稻变得脆弱容易发生倒伏的现象；长期深水灌溉，水稻根系发育不良，分散在土壤的表面不能深扎入土壤，容易出现集体倒伏的现象。③自然灾害和病虫害原因。自然灾害作为一种不可控因素对水稻生长造成的影响是不可估量，干旱、洪涝、台风等自然灾害会对根部的稳定性产生重要影响。同时，病虫害也是破坏水稻根系、造成水稻倒伏的一大因素，水稻的茎秆和根系会由于病虫的啃食而变得脆弱易折，加上外力作用就会加大水稻倒伏的可能性。

　　防治措施：①培育抗倒伏的优良品种。增强水稻自身的抗倒伏能力是减少倒伏现象的最重要措施。②培育壮苗，优化群体，科学灌溉，使水稻的生长更加健康，增强其对自然灾害的抵抗能力。③加强自然灾害和病虫害的预报工作，增强防御自然灾害和病虫害的能力。在病虫害的防治方面，要早发现早防治；在药剂选择方面，要仔细分析病虫害的类型和药剂的特性，合理用药。

5.7 穗发芽

症状：穗部籽粒发芽。

主要原因：①自然环境影响。水稻谷粒吸水超过24%就满足了发芽所需的水分条件，18℃以上，温度越高发芽越快。尤其在夏季持续高温的时候，水稻灌浆结束后穗层温湿度偏高，再遇到连续阴雨或者潮湿的环境，水稻籽粒含水量达到30%，很容易出现穗发芽现象。②与水稻自身品种特性有关。如休眠期短或谷壳较薄的水稻容易穗发芽，休眠期长和谷壳较厚的穗发芽少；直立穗、

杂交水稻亲本之母本易发生穗发芽。③人工管理原因。水稻灌浆期长期深水灌溉致田间水分含量偏高，使稻谷碰到雨水天气不易干燥，导致穗发芽。

防治措施：①在水稻灌浆后期将田间积水排去，并在雨天及时排水，以减少籽粒吸水环境。②将水稻扎把、爽水，降低籽粒含水量。③根据气候变化规律，选择安全扬花授粉期和安全成熟期，避开雨季。若碰到雨水天气，应及时排水，等晴天后尽快收割晾晒或利用烘干设备进行烘干，以防止穗芽过多。

5.8 籽粒不充实

症状：水稻花期、灌浆结实期遭遇干旱、高温、低温等不良气候环境会导致颖花不结实，籽粒灌浆不充实，空瘪粒增多，千粒重下降，产量降低。

主要原因：①干旱危害。灌浆成熟期稻田无水干裂，会导致叶片过早枯黄，营养物质转运困难，籽粒灌浆难完成，粒重降低。

干旱危害导致籽粒不充实

高温危害导致籽粒不充实

低温危害导致籽粒不充实

②高温危害。开花期遇高温会使花器官的机能受到影响，花药开裂受阻，颖花散粉不畅，花粉管萌发受抑制，导致灌浆期籽粒灌浆不充实。③低温危害。花后结实期遇低温会显著影响干物质积累和运转，导致秕粒数增多。

防治措施：①选种抗性强的优良水稻品种，增强其对不良环境的抵抗能力。粳稻比籼稻有更强的耐低温能力，晚稻选用粳稻品种能够明显降低低温伤害。②适期播种。通过播期调节，避开历史常规高低温或干旱季节与花期相遇。③科学肥水管理。灌深水可以有效缓解高温带来的伤害；灌浆至成熟期保持田间干干湿湿，以湿为主，防止断水过早，以提高土壤供氧能力，保持植株根系活力；黄熟期（抽穗后25天）适期断水，以利于收获。喷施水杨酸等外援化学物质，可减轻高温伤害，促进源库流畅，籽粒灌浆充实；增施磷钾肥有利于提高水稻的低温抗性；利用微肥和化学调节剂对抗低温也有一定效果；喷施多精胺、磷酸二氢钾、硫酸锌等都可提高低温下水稻结实率，使籽粒充实度提高。

5.9 鸟类危害的枝梗折断

症状：抽穗成熟期，麻雀会到稻田啄食米浆、米粒，造成穗轴、一次和二次枝梗折断，或谷料脱落，危害程度与水稻品种、种植密度、周边环境、抽穗成熟时期等因素有关。

主要原因：①水稻优质。鸟雀会选择着实性好、口感好的水稻进行危害。②水稻成熟期不一致，鸟雀易选用同片田中早熟的水稻进行啄食对象。

防治措施：①人工驱鸟。在水稻灌浆期安排专门人员，利用声音、假人、彩旗驱鸟。②利用驱鸟剂驱鸟。但驱鸟剂主要在秧田期用效果好，抽穗成熟期驱鸟效果不足10%。③防鸟网驱鸟。水稻抽穗成熟期用网眼2.5厘米的防鸟网架网驱鸟效果好，而且对麻雀不伤害，是目前防御麻雀危害最理想的技术。

5.10 二化螟危害的白穗

症状：二化螟危害部位因水稻生育期的不同而异，孕穗期主要造成枯鞘、枯心，整株水稻叶片发黄，茎秆有虫眼，抽穗期造成白穗，枯心或白穗常成团出现，致田间出现"枯心团"或"白穗群"，造成产量降低。

主要原因：①土壤耕作方式对二化螟发育有利。现在稻田翻旋较晚，一般都在泡田的前几天进行，且翻旋较浅，这对稻茬中越冬幼虫的杀伤作用较小，而使幼虫能正常化蛹、羽化。②稻草存留田内，造成稻草中越冬幼虫大量存活，增加了危害虫源。③施肥不合理。施氮量过多，叶色深绿，诱集三化螟产卵危害，造成螟虫危害加重，使水稻虫伤株和枯穗率增加。

防治措施：

（1）消灭越冬虫源。①冬闲田要及早处理含虫稻草，可把基部10～15厘米先切除烧毁，然后于冬季或早春3月底以前翻耕灌水能显著降低越冬虫口数量。②合理安排冬作物。晚熟小麦、大麦、油菜、留种绿肥要注意安排在虫源少的晚稻田中，可减少越冬的基数。③尽量避免单、双季稻混栽的局面，可以有效切断虫源田和桥梁田，降低虫口数量。④调整播期。单季稻区适度推迟播种期，可有效避开三化螟越冬代成虫产卵高峰期，降低危害。⑤安装频振式杀虫灯诱杀成虫效果较好，可有效减少下代虫源。

（2）灌水灭虫。在1代化蛹初期，先放干田水2～5天或灌浅水，降低二化螟化蛹部位，然后灌水7～10厘米深水，保持3～4天，可使蛹窒息死亡。

（3）适期用药。既不能过早也不能过晚，一般在早、晚稻分蘖期或晚稻孕穗、抽穗期螟卵孵化高峰后5～7天，穴枯鞘率5%左右时用药。

5.11 谷粒黄褐色（穗腐病）

症状：由真菌引起的一种水稻后期穗部病害。水稻抽穗灌浆至乳熟期最易感染，前期稻穗部分或全部谷粒感病黄褐色，后期灰白色至黑褐色，为孢子粉。前期感病空粒多，后期感病半空粒多，米粒变黄褐色。

主要原因：①稻椿象取食引起的谷粒变色，或者椿象取食后其口针带入病原真菌或直接由真菌通过伤口侵染造成。②病菌以菌丝体在病残体如稻桩或种子内越冬或越夏，待抽穗扬花期温度升高（27～30 ℃）时，靠气流传播进行初侵染，分生孢子靠雨水传播再侵染。高

温、多雨、多雾和潮湿天气利于本病的发生。③该病的发生、危害、流行规律与气候条件、品种类型、耕作栽培制度、肥水管理（偏施、过施或迟施氮肥）、植株贪青成熟延迟的关系也十分密切。

防治措施：①加强肥水管理。避免偏施、过施、迟施氮肥，增施磷钾肥；适时适度露晒田使植株转色正常、稳健生长，延长根系活力防止倒伏。②抽穗期前后喷药预防。在历年发病的地区或田块，于始穗和齐穗期各喷药一次，必要时在灌浆乳熟前加喷一次，可减轻发病。药剂可选用50%多菌灵和70%甲基硫菌灵，也可选用45%

咪鲜胺乳油、80%代森锰锌可湿性粉剂和20%三唑酮乳油、春雷霉素、噻菌灵等。复配剂中可选用三唑酮+爱苗、好力克+安泰生。另外三环唑+三唑酮、三环唑+多菌灵、三环唑+爱苗和三环唑+甲基硫菌灵的防效也不错。目前尚无专用药剂防治穗腐病。

5.12 谷粒长黑色球（稻曲病）

症状：稻曲病又称伪黑穗病、绿黑穗病、谷花病、青粉病，俗称丰产果。该病只发生于穗部，危害部分谷粒。受害水稻表现为谷粒内形成菌丝块渐膨大，内外颖裂开，露出淡黄色块状物，即孢子座，后包于内外颖两侧，呈黑绿色，初外包一层薄膜，后破裂，散生墨绿色粉末，即病菌的厚垣孢子，有的两侧生黑色扁平菌核，风吹雨打易脱落。河北、长江流域及南方各省稻区时有发生。

主要原因：感染了稻绿核菌，发生稻曲病。该病主要以菌核在土壤越冬，翌年7～8月萌发形成孢子座，孢子座上产生多个子囊壳，其内产生大量子囊孢子和分生孢子；也可以厚垣孢子附在种子上越冬，条件适宜时萌发形成分生孢子。孢子借助气流传播散落，在水稻破口期侵害花器和幼器，造成谷粒发病。据研究，抽穗扬花期遇雨及低温则发病重，施氮过量或穗肥过重加重病害发生，连作地块发病重。

防治措施：①选种抗病品种，播前用2%甲醛或0.5%硫酸铜溶液浸种3～5小时。②发病时摘除并销毁病粒，避免病田留种，深耕翻埋菌核。③抽穗前每亩用18%多菌酮粉剂150～200克或水稻孕穗末期每亩用14%络氨铜水剂250克、稻丰灵200克或5%井冈霉素水剂100克，对水50升喷雾。

5.13 叶片白色坏死（白叶枯病）

症状：水稻受害后，病株叶尖及边缘初生黄绿色斑点，后沿叶脉发展成苍白色、黄褐色长条斑，最后变灰白色而枯死。病株易倒伏，稻穗不实率增加，叶片干枯，瘪谷增多，米质松脆，千粒重降低，一般减产20%～30%，严重者可达50%～60%，甚至颗粒无收。白叶枯病列为我国有潜在危险性的植物病害。一般籼稻重于粳稻，晚稻重于早稻。沿海、沿湖和低洼易涝区发病频繁。

主要原因：由细菌侵入引起，主要危害叶片，水稻从苗期到抽穗期都能发病，但以分蘖末期至抽穗前发病最多。病菌通常在带病稻草和种子上越冬，来年侵染。新病区以种子带菌传播为主，老病区则以稻草传播为主。

防治措施：①选用抗病品种。进行种子消毒，妥善处理病草。②早发现，早防治。封锁或铲除发病株和发病中心，大风暴雨后的发病田及邻近稻田、受淹和生长嫩绿稻田是防治的重点。③药剂防治。根据测报，重点施药防治，控制病害关键发生阶段。

5.14 穗颈部坏死导致白穗（穗颈瘟）

症状：稻穗颈瘟是发生在穗颈（穗轴与稻穗连接部位）上的稻瘟病。病斑初期为暗褐色，后变黑褐色。从穗颈向上下蔓延，可蔓延至3～4厘米。发病早，发病重时，造成白穗；发病迟，发病轻时，造成千粒重下降或产生秕谷。穗颈瘟常会引起穗梗折断，在穗轴分枝、枝梗和再生枝梗上的症状和在穗颈部相似，但只是病斑以上部分小穗受害，造成小穗不实，空秕谷增加，千粒重下降，米质差，碎米率高。

主要原因：①品种抗性。不同品种间的抗性存在明显的差异，当前生产上所用的抗病品种大部分为垂直抗性品种，即只能在一定时期保持抗性，其抗性由生理小种组成，如果劣势小种变为优势小种，就会使其丧失抗病性，导致病害的发生。一般籼型品种比粳型品种抗性强。②菌源数量。越冬菌源多，如种子带菌多且未进行浸种消毒，特别是病稻草、病秕谷处理不彻底等，若温度、湿度条件适宜，则发病重，传播快。③田间管理。田间施氮肥过多、过晚，水浆管理上经常灌冷水、深水等，会使水稻抗病力降低，加重病情。穗期始穗时较其他时期抗病性弱。④不良气象条件。分蘖期、抽穗期前后如遇高湿、低温、寡照天气，会降低水稻抗病性，利于病害发生。

防治措施：

（1）利用适合当地的抗病品种，加强对病菌小种及品种抗性变化动态监测。

（2）无病田留种，处理病稻草，消灭菌源，实行种子消毒。

（3）在抽穗期进行预防保护，特别是孕穗期（始穗期）和齐穗期是防治适期。发病较重的田块用药2～3次，间隔期为10天左右。①每亩用20%三环唑可湿性粉剂100克或75%三环唑可湿性粉剂30克，对水60千克均匀喷雾。如果病情非常严重，同时气候又有利于病害发展，在齐穗时再喷一次药，药量同第一次，效果更好。②每亩用40%稻瘟灵乳油（粉剂）100毫升对水60～75千克，在水稻破口期和齐穗期各喷雾一次。③每亩用21.2%加收热必可湿性粉剂100克先用少量水将药粉调成糊状，再对水50千克搅拌均匀，在水稻破口期和齐穗期各喷药一次。

5.15 红米稻子（红稻）

症状：红稻是杂草稻的一种，世界上最早的杂草稻是1846年在美国发现的，因种皮红色被当地人称为红稻。红稻呈红色、出芽早、分蘖多、植株高大、落粒性较强，在与栽培稻竞争生长资源上占有很大的优势，从而影响水稻产量、稻米的等级、品质与价值。

主要原因：

（1）因种子介导致杂草稻扩散和传播，可分为近距离传播、远距离传播两类。①近距离传播是速度最快的传播途径，当杂草稻成熟后，其种子会自然脱落而存留于稻田之中形成土壤种子库，再随着不同的农事活动和作业（如土壤翻耕、犁耙等）在邻近的稻田之间进行传播。在水稻种植季节杂草稻通过生长和繁殖，产生大量的种子并在土壤种子库中累积，数代之后在水稻田中可以建立较大的群体。②远距离传播主要是由于动物的携带、不同水稻田的机械作业（收获、翻耕和犁耙等）、河流和其他媒介，以及农户之间长距离的水稻品种交换等引起的杂草稻扩散。有杂草稻混杂的栽培稻种子被农户种植，会导致水稻田中杂草稻的侵入，由于缺乏有效的稻种检疫和管控措施，栽培稻种子的销售和长距离运输等过程，还会导致杂草稻的远距离和大范围扩散。

（2）花粉介导的基因漂移致杂草稻的传播。花粉介导的基因漂移是指通过花粉传播以及有性杂交的方式造成群体中不同个体或群体的遗传物质交换，杂草稻与栽培稻之间的天然杂交，可能导致栽培稻后代群体中出现具有杂草稻特性的栽培稻类型。

防治措施：①人工拔除。这是我国对杂草稻进行防除最简单和有效的措施，但手工除草需要大量劳动力。②机械除草。用于稻田除草的机械通常以行间除草的方式居多，但目前尚没有一种较好的机型能同时去除行内和植株间的杂草，甚至是植株内的杂草。③化学除草。近年来发展迅速，可以大大降低在杂草防除过程中的劳动力投入强度，但是杂草稻与栽培稻属于同一生物学物种，几乎无法找到对杂草稻具有选择性灭除的除草剂，在除草剂杀死杂草稻的同时也会严重影响栽培稻生长。④利用生物技术通过选育种植抗除草剂水稻并结合除草剂的使用达到控制杂草稻的目的。但转入栽培稻中含有抗除草剂的基因，有可能会通过基因漂移逃逸到其伴生杂草稻上，提高杂草稻的抗除草剂能力，增大了杂草稻的控制难度。综上，人工除草、机械除草、化学除草以及利用生物技术控制杂草稻的方法都有一定的局限性。杂草稻的防治须要采取综合治理的方法，才能达到有效控制的目标。

5.16 杂稻（落粒稻）

症状：落粒稻俗称野稻子，学名叫旅生稻，说它是"稻"，但它是野生类型，秋天果实纷纷落地，很难收获，似稻非稻；说它是"草"，在植物学分类上又与水稻同科同属，防治水稻杂草的很多除草药剂对它的防治效果均不大。落粒稻在田间表现为植株高大，叶片狭长，叶色淡黄，分蘖能力较差，抗病能力较强。成熟后籽粒较长，长宽比较大。剥开颖壳可见其糙米为棕褐色，偏籼性，口松，易落粒，分布面较广，发展速度较快，危害逐年加重，降低了水稻产量和稻米质量。

主要原因：①随种子引入。落粒稻起源于美国，引进水稻品种时，落粒稻随引进的水稻品种进入我国，随后在全国各地相继发生蔓延。随引进新品种及新老品种更替频繁，落粒稻的发生与蔓延与新品种的引进关系较大。②化学诱变。目前在水稻生产上使用的各种化学药剂（浸种剂、除草剂、防虫剂、杀菌剂）较多，也有可能其中某一种化学药剂引起了稻体内基因诱变，使正常水稻转变为落粒稻。③生理诱变。在水稻收割及拉运过程中，不慎将其部分颖壳破裂的稻粒碰落在田中，翌年春天经过一冬天风雪冰霜冻化的稻粒发生了生理诱变，虽然也正常发芽、出苗，却诱变成了落粒稻。

防治措施：①控制种源。在生产上部分农民以粮当种，特别是用发生落粒稻较重地块产出的混有落粒稻的粮食当种育苗，导致落粒稻情况再度加重而发生恶性循环。应使用由国家正规育种单位及水稻良种厂家生产的、符合国家规定一级以上标准水稻种子，做到从种源上杜绝落粒稻的发生。②早期剔除。利用杂草稻的籽粒形态以及几个关键时期的长势长相与栽培稻具有明显区别的方法去除杂草稻。③耕作方式变化。采用深翻或深旋，并结合稻-麦、稻-豆等轮作方式控制落粒稻的发生。④化学药剂封闭。选用选择性触杀型芽期除草剂，进行水稻插前封闭。施药田水层不宜过深，一般为7～10厘米，并保持水层5～7天。